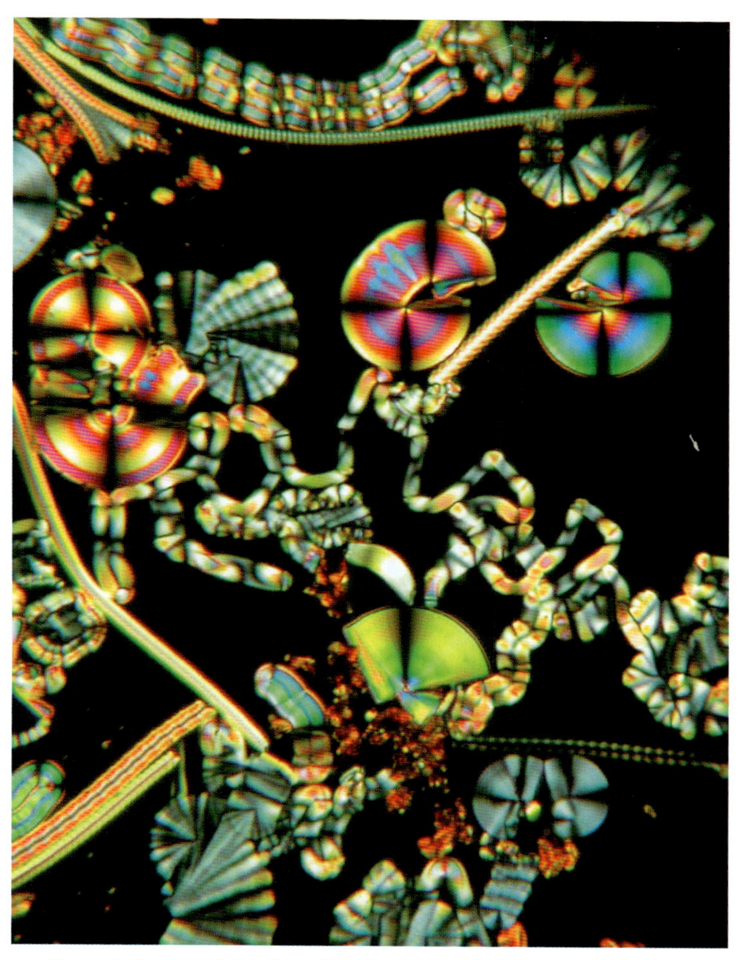

口絵１　キラリティを示す屈曲形液晶相の偏光顕微鏡写真．大塚洋子氏撮影
［p.33，コラム４参照］

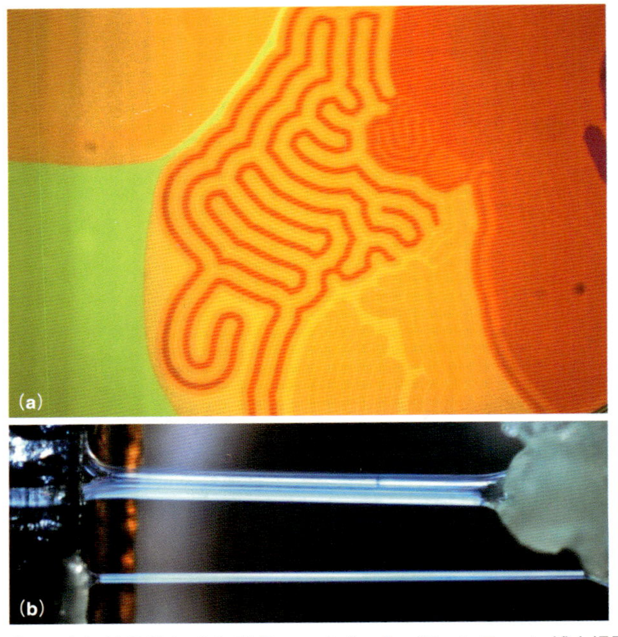

口絵 2　(a) 液晶膜と (b) 液晶ファイバーの一例．A. Eremin 博士撮影
[p.63，コラム 5 参照]

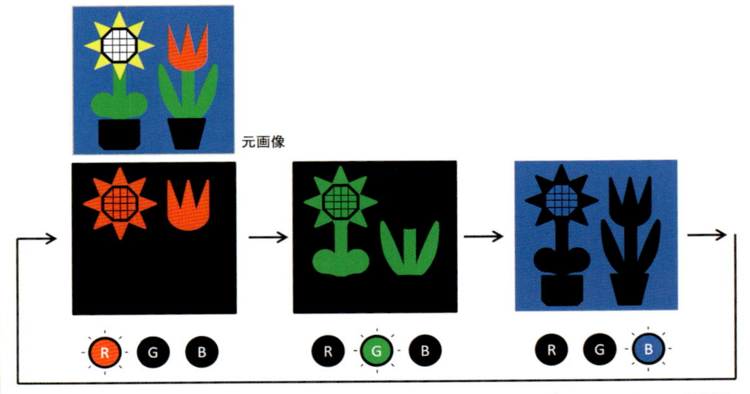

口絵 3　フィールドシーケンシャルカラー方式の駆動手順 [p.130，図 6.1 参照]

液晶

基礎から最新の科学とディスプレイテクノロジーまで

日本化学会［編］

竹添秀男
宮地弘一［著］

共立出版

『化学の要点シリーズ』発刊に際して

現在，我が国の大学教育は大きな節目を迎えている．近年の少子化傾向，大学進学率の上昇と連動して，各大学で学生の学力スペクトルが以前に比較して，大きく拡大していることが実感されている．これまでの「化学を専門とする学部学生」を対象にした大学教育の実態も大きく変貌しつつある．自主的な勉学を前提とし「背中を見せる」教育のみに依拠する時代は終焉しつつある．一方で，インターネット等の情報検索手段の普及により，比較的安易に学修すべき内容の一部を入手することが可能でありながらも，その実態は断片的，表層的な理解にとどまってしまい，本人の資質を十分に開花させるきっかけにはなりにくい事例が多くみられる．このような状況で，「適切な教科書」，適切な内容と適切な分量の「読み通せる教科書」が実は渇望されている．学修の志を立て，学問体系のひとつひとつを反芻しながら咀嚼し学術の基礎体力を形成する過程で，教科書の果たす役割はきわめて大きい．

例えば，それまでは部分的に理解が困難であった概念なども適切な教科書に出会うことによって，目から鱗が落ちるがごとく，急速に全体像を把握することが可能になることが多い．化学教科の中にあるそのような，多くの「要点」を発見，理解することを目的とするのが，本シリーズである．大学教育の現状を踏まえて，「化学を将来専門とする学部学生」を対象に学部教育と大学院教育の連結を踏まえ，徹底的な基礎概念の修得を目指した新しい『化学の要点シリーズ』を刊行する．なお，ここで言う「要点」とは，化学の中で最も重要な概念を指すというよりも，上述のような学修する際の「要点」を意味している．

本シリーズの特徴を下記に示す．

1）科目ごとに，修得のポイントとなる重要な項目・概念などをわかりやすく記述する．
2）「要点」を網羅するのではなく，理解に焦点を当てた記述をする．
3）「内容は高く」,「表現はできるだけやさしく」をモットーとする．
4）高校で必ずしも数式の取り扱いが得意ではなかった学生にも，基本概念の修得が可能となるよう，数式をできるだけ使用せずに解説する．
5）理解を補う「専門用語，具体例，関連する最先端の研究事例」などをコラムで解説し，第一線の研究者群が執筆にあたる．
6）視覚的に理解しやすい図，イラストなどをなるべく多く挿入する．

本シリーズが，読者にとって有意義な教科書となることを期待している．

『化学の要点シリーズ』編集委員会

井上晴夫（委員長）

池田富樹　伊藤　攻　岩澤康裕　上村大輔　佐々木政子　高木克彦

はじめに

液晶はディスプレイの世界を変えた，材料の優等生である．テレビ，パソコン，スマートフォンなど，もはや液晶ディスプレイなしには語れない．このように我々の身の回りにあふれている液晶ディスプレイであるが，どのような原理で動作しているのかを知っている人は少ない．それればかりか，「液晶」とは一体何かを知っている人もそれほど多くないであろう．本書はこれらをわかりやすく解説することを第一の目的とした．

液晶に関する書物は入門書から専門書まで数多く出版されている．それに何をいまさら書くのか，日本での液晶産業が衰退してきている現状で，書くなら読んで元気の出るようなものをと思いつつ，遅々として筆が進まなかった．しかし日本の液晶産業の大きな転換期にあたり，液晶の最新の科学を盛り込み，液晶ディスプレイの現状を余すところなく書いておくことは，意味のあることであると思い至った．大学で液晶の物性研究をしてきた竹添と，企業で液晶ディスプレイの開発に携わってきた宮地が協力して本書を完成させた．

このような経緯から，液晶を知らない学部学生や一般の読者から，液晶を研究している大学院生，あるいは液晶デバイスの開発をしている企業人まで役に立つ，新しい液晶の本の執筆を試みた．本書の特徴としては，以下の点が挙げられる．一般人向けに液晶発見の歴史や，液晶ディスプレイの開発小史にかなりのページを割いた．液晶の性質を知るうえで必要な物理や化学はできるだけ網羅することを試みた．液晶ディスプレイに関しては，表示の基本原理に留まらず，表示品位を高める技術，液晶デバイスを構成する材料・部材，液晶デバイスの製造技術といった幅広い領域を含めた．これにより，企業で液晶デバイスに携わっている技術者にも配慮した．

さらに，液晶デバイスの最新の情報をできる限り盛り込むことで，技術の最前線を示すことに努めた．これには液晶ディスプレイばかりではなく，液晶の新しい応用展開，液晶以外のディスプレイとの比較なども取り入れた．また，液晶の新しい科学に関しても平易な解説を試みた．これらのうちいくつかは液晶の基礎科学にとどまらず，将来の新しい応用のシーズになるであろう．液体と結晶の性質を併せ持つ液晶ならではの興味深い科学や応用があることを理解していただければ，著者らにとって望外の幸せである．

このように，入門書にしては他の液晶の書籍には記述のない話題や最新技術まで取り入れることができたと自負している．限られた紙面で上記のような情報を盛り込み，興味を喚起するため，多くのコラム記事を入れて内容を充実させた．また，内容の理解を助けるために，章末に演習問題を提示し，本書の末尾にまとめて簡単な解説を載せた．現象の理解を助けるために若干の式を入れざるを得なかった．この本を読んで英文の原著論文までたどる読者も少ないと思い，参考文献は必要最小限とした．個々の内容にもう少し踏み込みたい読者はインターネット検索で適切な文献に容易にたどり着けるはずである．本書がなるべく幅広い読者に受け入れられることを願っている．

本書を執筆するきっかけをいただき，丁寧に査読いただいた中央大学の池田富樹先生に感謝申し上げる．また，なかなか筆の進まない竹添を長年にわたり根気よく励ましてくださった共立出版の山本藍子さん，酒井美幸さんにお礼申し上げる．また原稿のチェック，編集など，本書の完成にご尽力いただいた杉野良次さんに感謝している．

2017 年 1 月

竹添　秀男・宮地　弘一

目　次

コラム目次

第1章
液晶とは

現在，液晶と言えばディスプレイ，ディスプレイと言えば液晶というほど「液晶」という言葉は誰にでも認知されている．しかしながら，「液晶」とは何かと問われて答えられる人はおそらく珍しい．この章では，液晶とは何か，いつ頃どのように発見されたか，ディスプレイへの応用の契機などをかいつまんで記述する．

1.1 液晶とは

液晶という言葉からも想像できるように，液晶とは気体とか，液体とか，結晶とかと同様，物質の状態を表す言葉である．液体に水やアルコールなど様々な種類の物質があるように，液晶状態をとる物質は数限りなくある．しかし，だからと言って，どんな物質でも液晶状態をとるわけではない．液晶状態をとる物質の最小単位は分子である．分子の形は，その分子がどのような液晶状態をとるかということと密接な関係がある．詳細は2.2節で述べることにし，ここでは棒状の分子を例にとって液晶を説明する．

物質には気体，液体，固体（結晶）の3つの状態がある（物質の3態）ことは誰でもよく知っている．棒状分子の3つの状態（相）を図1.1に示す．気体と液体ではいずれの状態でも分子は自由に動き回っているが，2つの状態を区別するのは密度である．た

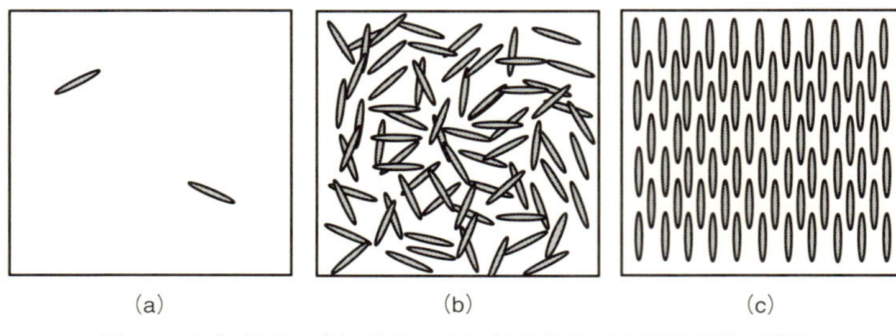

図 1.1　(a) 気体，(b) 液体，(c) 結晶状態での棒状分子の様子

とえば水が蒸発して気体になると密度は約千分の一に減少する．結晶では分子は規則正しく並んでいる．液体と結晶では密度の差は小さいが，流動性の有無で区別できる．

さて，それではこれらのどれにも属さない液晶とは，これらとどのように区別できるのであろう．このためには「対称性」という概念を導入することが必要になる．対称操作には並進，回転，鏡映などがある．気体や液体では，分子は何の規則性もなく存在しているので，これらの対称操作をしても無秩序は無秩序である．このようなとき，全対称であるという．一方で，結晶はたとえば，図 1.1(c) の状態を紙面に垂直な軸の周りに 180° 回転すると元の状態と重なるが，90° 回転すると，元の状態とは重ならない．すなわち，180° 回転対称であるが，90° 回転対称ではない．液晶は流動性の観点からは液体と同じであるが，対称性の観点からは液体と異なり，全対称ではない．このように，液晶は液体と結晶の両方の性質を併せ持った状態であると言える．

通常の物質は固体状態から温度を上げてゆくと液体に変化する．この現象を相転移という．氷の温度を上げてゆくと 0℃ で水になり，100℃ で気化する．液晶相を示す物質では温度上昇に従って，

図 1.2 試料瓶中の液晶

固体から液晶になり，さらに液体に相転移する．容器に入った液晶の写真を図 1.2 に載せておく．一般に液晶は乳白色をしている．温度を上げて等方液体に転移すると透明な液体に変化する．結晶において，温度を変化させることによって様々な結晶構造間を相転移する物質があるように，様々な液晶相の間を相転移することもある．詳細は第 2 章で述べる．

ここでは棒状分子の作る最も基本的な液晶相（ネマティック液晶相）のみ紹介しておく．基本的であるだけではなく，ほとんどのディスプレイにはネマティック液晶が使われている．図 1.3 にネマティック液晶の配列構造を示す．流動性のために，分子の重心位置はランダムであるが，分子の長軸方向は平均的に一方向を向いている．この方向をダイレクター（配向ベクトル）と呼ぶ．図 1.2 のように液晶が濁っているのは，ダイレクターに空間的，時間的な長波

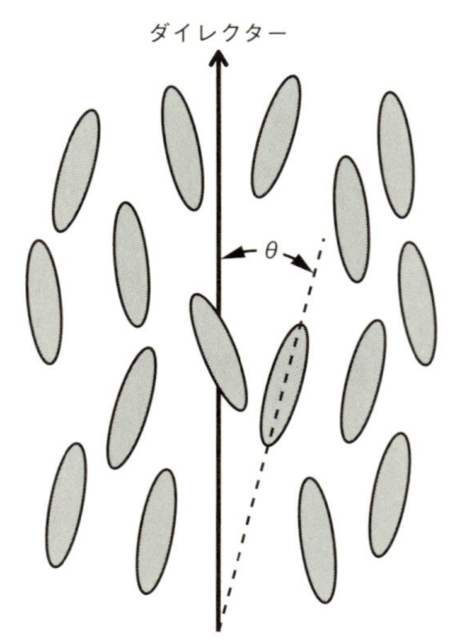

図1.3　ネマティック液晶の分子配列．平均的な方向をダイレクターと呼ぶ

長の揺らぎがあり，強く光を散乱するからである．ネマティック状態は，180° 回転対称であるが，90° 回転対称ではない．また，分子長軸と平行な平面，垂直な平面以外の鏡映操作に対しては対称ではない．すなわち，液体と異なり全対称ではない．

全対称ではないということは，様々な物理量に方向依存性（異方性）が生じるということである．たとえば，電荷，熱，物質などの輸送の速さは分子の長軸方向，短軸方向で異なる．すなわち，電気伝導率，熱拡散率（熱伝導率），物質拡散率に異方性がある．また，分子の長軸方向，短軸方向に偏光した直線偏光に対して屈折率が異なる（屈折率異方性，光学異方性）．このことは液晶ディスプレイを実現するための重要な性質である．詳細は3.3節で述べる．

コラム1

偏光と光学異方性

液晶ディスプレイの原理は第5章で詳しく記述するが，光学異方性は液晶を光学素子として利用する場合の最も重要な性質であるので，基本的な性質を説明しておく．光は横波であるが，太陽光や室内灯など，通常の光源から出る光波の振動方向は一様ではない．すなわち，様々な振動面を持った波が混じった自然光である．偏光板を用いると，ある振動面のみを持つ直線偏光を作り出すことができる．光は電磁波なので，液晶のような誘電体中を光が伝播すると，電子が原子の平衡位置から光の周波数で変位し，振動分極を発生させる．この振動の遅れが，物質中の光速（正確には位相速度）が真空中での光速より遅い原因である．この2つの光速の比が屈折率である．光学異方体では偏光によって屈折率が異なる．液晶を例にとると，分子長軸方向に偏光した光に対する屈折率は垂直方向のものに比べて大きい．

2枚の偏光板を直交させると光は遮断される．その間に光学異方性のない（等方的な）物質を挟んでも事情は変わらない．たとえ液晶のような光学異方体を挟んでも偏光軸が異方性の軸（長軸に平行あるいは垂直）と一致していれば，やはり光は遮断されたままである．しかし，偏光軸がこれらとある角度をなしている場合（たとえば45°としよう）は事情が異なる．光は液晶分子の長軸に対して平行と垂直の2つの偏光に分かれて異なる速度で進むため，2枚目の偏光板に到着したときには2つの波は位相がずれている．すなわち，合成された光はもはや直線偏光ではない．したがって，入射光の一部は直交する偏光板を透過する．もし，液晶分子の向きを変えることができれば，透過光強度を変えることができる．これが，ある種の液晶ディスプレイの原理である．

1.2　液晶発見小史

液晶はいつ頃どのようにして発見されたのだろうか．19世紀末，プラハでニンジンの研究をしていたライニッツァー（図1.4(a)）とドイツのカールスルーエの結晶学者レーマン（図1.4(b)）の液晶発見の物語を紐解いてみる．この物語はダンマー，スラッキン著（鳥山和久訳）の『液晶の歴史』に詳しい．ライニッツァーはニンジンからコレステロールを抽出し，その誘導体を合成していた．その化合物の性質を調べていた彼は非常に特異な現象を発見した．透明な液体の温度を下げてゆくと，一瞬発色した後，白濁するが流動性が失われることなく，再度発色してから固化した．逆に温度を上

(a)　(b)

図1.4　液晶の発見者，(a) ライニッツァー（1857–1927）と (b) レーマン（1855–1922）

げたときには，固体から液晶になるとき，流動性が現れるので溶けたように観察され，さらに透明な液体に変化するので，この物質は2度溶けるように見えるのである．今ではこの状態はらせん構造を持つ液晶で，コレステリック相，ブルー相であることは本書の第2章を読んだ後ならすぐわかる．しかし，当時，考えあぐねたライニッツァーはレーマンに16枚に及ぶ手紙を出し相談した．図1.5にあるように，この手紙の出された日，1888年3月14日は液晶発見の重要な日として語られることが多い．しばらくレーマンと情報交換をし，ライニッツァーは5月3日，ウィーンで開かれた化学会で自分の観察結果を報告した後，この研究からは遠ざかった．

一方，レーマンはちょうどこの頃大学を転々としていたが，1年ほどたち，カールスルーエに戻り，本格的にこの問題に取り組み始めた．液晶化合物がレーマンの手に渡ったのは非常に幸運であった．なぜなら，彼は光学顕微鏡を持っていたからである．彼の顕微鏡には加熱装置がついており，しかも，偏光を使うことができた．ある温度領域での光学異方性を見ることのできる，このような偏光顕微鏡は現在でも液晶研究に欠かすことのできない装置である．レーマンは1889年，観察結果をまとめた論文『流れる結晶』を発表し，この物質の液体と結晶の二面性を主張した．しかし，液晶の本質を説明したものではなかった．

当時，多くの科学者はレーマンの考えに否定的だったが，何人か特別な興味を持つ人もいた．その1人，ハイデルベルク大学のガターマンは多くの液晶物質を合成したことで知られている．レーマンの論文発表当時，ガターマンは自分の合成した物質の中に同じ性質を示すものがあることを知っていた．しかも，彼は合成だけでなく，詳細な偏光顕微鏡観察も行った．シュリーレン組織（4.2.2項参照）は彼の観察，命名によるものである．

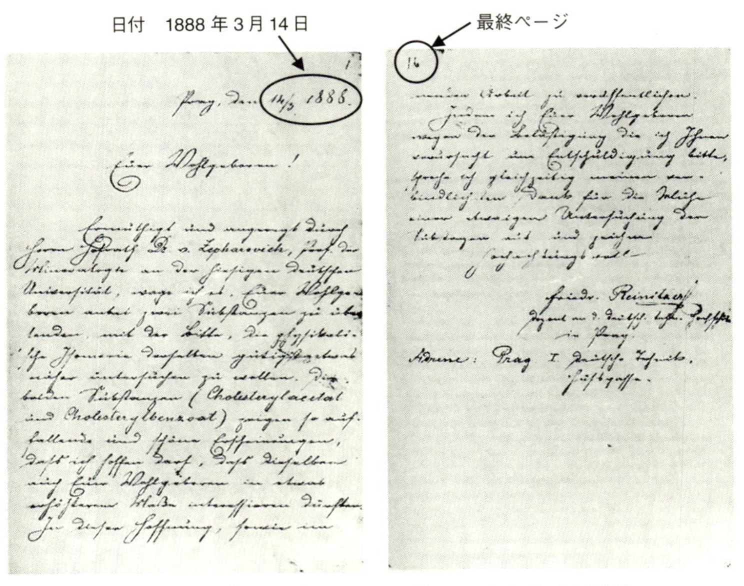

図 1.5　1888年，ライニッツァーがレーマンにあてた手紙

ごく少数の科学者を除いては「液体結晶」という概念に否定的だった．むしろ，液体中に微結晶が分散したコロイドであるという考え方が一般的だった．特にゲッティンゲン大学のタムマンは，論文や学会でレーマンやその支持者であったハレ大学のシェンクらを激しく攻撃した．彼らの抗争はその後もしばらく続き，現在のような液晶の構造と物性が明らかになるには，長い年月にわたる科学者の努力が必要であった．

この物語の決着へ進む前にライニッツァー以前に行われた同様な観察に関して触れておく．1850 年ドイツのハインツは飽和脂肪酸ステリアン酸に水を加えた物質が 2 度溶けるという現象を観察している．これはまさに2.1節で述べるライオトロピック液晶である．また，ドイツのウィルヒョーは脳の神経鞘が水を含んだとき，光学異方性を示すことを見出している．今では神経鞘は2分子膜が同心円状に重なったライオトロピック液晶であることがよく知られている．ライニッツァーの功績は流動性のある不思議な物質の重要性を認識し，さらに進んだ研究への端緒を与えたことである．

時間を20世紀初頭に戻そう．レーマンとタムマンの論争が行われたり，ガターマンが液晶の合成を始めたりしていた頃である．ガターマンはパラアゾキシアニソール（PAA）（図1.6(a)）を合成し，以来，何十年にもわたって多くの液晶研究者に標準物質として用いられることとなる．ガターマンが液晶の世界から去った頃登場するのがハレ大学のフォーレンダーである．彼はその頃までに数十種類しかなかった液晶分子を，退職までに学生たちとともに千種類以上に増加させた．化学は系統的な物質群から特徴的な性質を見出してゆく学問である．フォーレンダーの液晶研究の最も重要な結論は

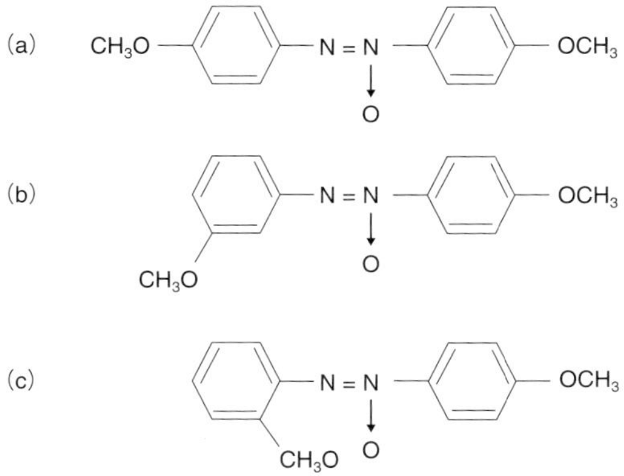

図1.6　(a) パラ-，(b) メタ-，(c) オルト-アゾキシアニソールの分子構造

「結晶性液体（彼はまだ明らかにされていなかった液晶に関しこう呼んだ）を得るためには，分子形状が非常に重要である」である．すなわち，彼はこの頃すでに，液晶物質を得るためには棒状の分子形状が最適であることを知っていた．実際，メタアゾキシアニソール（図1.6(b)），オルトアゾキシアニソール（図1.6(c)）は液晶性を示さないことを確認している．

液晶研究がドイツ語圏外へ広まるにつれ，次第に液晶の正体が明らかになっていった．イタリアのアメリオは液晶を「方向の秩序と流動性」を持つ物質だと言っている．まさに，1.1節で説明した通りである．また，フランスのモーガンは液晶の配向法ラビング(5.2.2項参照）を生み出し，ガラス板に挟んだ液晶を偏光板間で観察して，コラム1で述べたような現象を見出している．そればかりか，ダイレクターが2枚のガラス間で90°ねじれた状態を作り，この基板垂直方向に磁界を印加し，透過光のスイッチング現象まで見出している．これは，磁界を電界に変えれば，5.3.5項で説明するツイステッドネマティック（TN）液晶ディスプレイの原理に他ならない．

液晶の本質が解き明かされるのは1910年～1920年頃である．フリーデルはグランジャーンと協力して，実験，理論両面から液晶研究に取り組み，ついに，液晶は液体でも固体でもない中間相であるという結論に達した．それだけでなく様々な欠陥構造の解明，キラル物質を含む液晶，白濁の理由，分子場理論などに大きな功績を遺した．何よりもネマティック，スメクティックなどと命名したのはフリーデルである．ただ，「流体結晶」でも「結晶性流体」でもない「中間相（mesophase)」という言葉よりも，彼が嫌った「液晶(liquid crystal)」という命名が一般的になっているのは皮肉である．

さて，液晶発見の物語を終えるにあたり，では，いったい液晶の発見者は誰かという問いに立ち戻ろう．実はフォーレンダーが文献の中でこの問いを発したことにより，レーマンとライニッツァーが大きな論争を起こしている．初めて液晶の示す現象を見出したライニッツァー，その物理的性質の本質を詳細に研究したレーマン，最終的に中間相であることを明らかにしたフリーデル，これらの観察と考察をするために多数の液晶化合物を合成したフォーレンダー，さて，皆さんなら誰の貢献が一番大きいとするであろうか．最後に，レーマンは液晶の研究で何度もノーベル賞の候補になったことを付け加えておく．

コラム2

液晶発見以前に文学や音楽に現れた液晶

流れる結晶という概念は文学者にとっても面白い想像の世界であったようだ．2つの例を紹介する．ライニッツァーが液晶を発見する50年も前にポーが出版した『ナンタケット島出身のアーサー・ゴードン・ピムの物語』に出てくる川の描写の中に「白濁した流れ」，「様々に発色する流れ」のような表現を用いている．これは，まさにライニッツァーが液晶の様子を表すのに用いた表現と同じであった．さらにもっと古い話では，18世紀末のハイドンのオラトリオ『天地創造』にさかのぼる．この楽曲の中に「流れる結晶（Fliessende Kristalle）」という言葉が出てくる．『天地創造』はもともと17世紀の詩人ミルトンの叙事詩『失楽園』をもとにしている．さらにさかのぼって14世紀のペトラルカのソネットの中にも液晶という言葉が出てくるという．このように見てみると流れる結晶というのは文学者，音楽家にとって想像をかきたてるもののようだ．

1.3 液晶ディスプレイ小史

前節で述べたように，液晶研究はドイツで始まり，フランスへと広がっていった．この後，研究はイギリスに広がり，英語の文献が増え，アメリカでの応用研究への足掛かりになった．特にアメリカでは第二次世界大戦後，巨大な科学技術予算を使って，基礎研究と先端技術との融合が図られた．このようなとき，アメリカの大企業RCAは壁掛けテレビのような新技術を模索していた．この頃，RCAに入ったハイルマイヤーは1964年に色素を含む液晶の配向変化や液晶の動的散乱を用いたディスプレイモードを開発した．動的散乱モードは後にシャープにより電卓のディスプレイとして商品化された（図1.7(a)）．RCAは1968年に液晶ディスプレイを新聞発表するものの，翌年には時計にターゲットを下げ，プロジェクトを大幅に縮小した．テレビのような大きなマーケットを目指したRCAにとって，大きなプロジェクトの前段階として，時計から始める決心がつかなかったのだ．

1970年代を通じて，液晶ディスプレイの応用はほとんど腕時計と電卓にとどまった．1975年にはアメリカだけで60社以上のデジタル腕時計メーカーが存在したため，価格は低下し，参入企業が激減した．RCAの発表後，日本の企業が液晶ディスプレイに参入し，1973年にセイコーが液晶腕時計を製品化した．時刻の表示のみの時計がなんと13万8千円であった．今では大型の液晶テレビが買える値段である．

この頃の液晶ディスプレイ産業を支えた大きな発見はスイス，ロッシュのシャットとヘルフリッヒによる新しい表示モード（ツイステッド（ねじれ）ネマティック（TN）モード：5.3.5項参照）とイギリス，グレイの化学的に安定な室温液晶（シアノビフェニル：

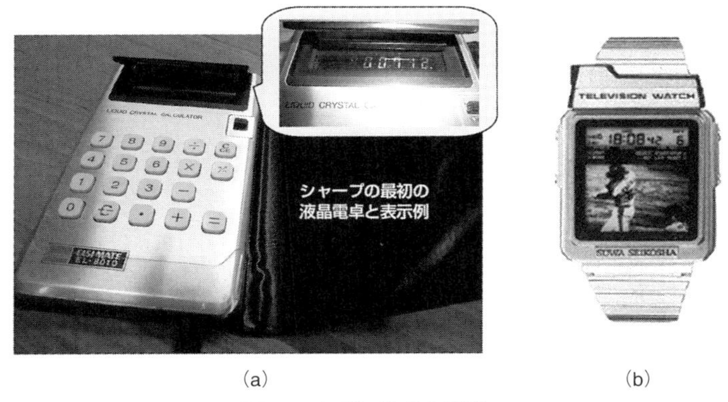

(a) (b)

図 1.7 初期の液晶表示例
(a) シャープの液晶電卓, (b) エプソンのテレビ付腕時計

図 2.4 参照）の開発である．液晶材料もメルクなどが独自開発し，販売するようになり，ディスプレイの価格の低下とともに，生産量は飛躍的に伸びていった．

液晶ディスプレイの歴史で最も重要な TN モードの開発の歴史について述べておく．TN モードはすでに述べたように，モーガンが磁界を用いて実証している．また，ロシアのフレデリックスが1920 年代末には磁界ばかりではなく，電界印加によってある閾値で配向変化を始めることも示している．理論もイギリスのレスリーによって完成していた．RCA にいたヘルフリッヒは TN モードの構想がハイルマイヤーに受け入れられず，シャットに誘われスイスのロッシュに移った．先に述べたように，この頃から液晶ディスプレイは大きく伸びていった．

1970 年頃から始まった液晶ディスプレイの生産で日本はアメリカに後れを取ることなく，むしろ急速にシェアを広げていった．日本における液晶研究者の数が飛躍的に伸び始めたのが1966年頃からであることと符合する．このような中，1970年代の後半には多くの企業で液晶テレビに向けた試作品作りが始まっていた．しかし，現在我々が使っているような高画質テレビへと発展するには多

コラム3

発見者争いと特許争い

TNモードはヘルフリッヒとシャットが1970年12月4日に申請した特許，シャットとヘルフリッヒによる論文（*Appl. Phys. Lett.*, 18 (1971) 128）があまりにも有名で，複雑な特許抗争はなかったと思われるかもしれない．実際，この特許はスイスとイギリスで成立している．しかし，ファーガソンが1971年4月22日に同様の特許申請を行い，日本や欧州の先願主義と異なり，当時，アメリカで先発明主義をとっていたため，アメリカとドイツで特許は成立している．これが抗争の火種となった．

シャットが「TNの概念はヘルフリッヒがRCAから持ち込んだ」と言っていることと，RCAでの同僚カステラーノが「ヘルフリッヒがTNの実験をしていた」との間接的な証言はあるものの，ヘルフリッヒがRCAでの研究ノートに書いていなかったのは致命的であった．一方，ファーガソンは2人の同僚の署名付で「1969年に考案し，1970年4月5日に実験に成功した」という記述を残していた．また，1970年1月に発刊されたElectrotechnologyという雑誌の中でもTNを実現したと述べている．特許申請がそれから1年以上後であったが，結局ファーガソンの特許は認められている．

この後，壮絶な特許権の争いの結果，最終的にはファーガソンが世界中の特許権をロッシュに譲渡した．その結果，日本の液晶パネルメーカーは莫大な特許料をロッシュに支払うこととなった．

くの問題があった．これらは第5，6章で詳述する．1982年，諏訪精工舎（現セイコーエプソン）が発売した白黒テレビ付腕時計の写真を図1.7(b) に載せておく．

1990年から2000年前半，最大で80%以上のシェアを誇った日本メーカーも1990年代以降に参入した韓国メーカー，台湾メーカー，そして最近では中国メーカーの激しい追い上げによって，2015年時点の液晶パネル生産では10%以下のシェアに落ち込んでしまった．今後，生産地図がどのように書き換えられるのであろうか．また，液晶ディスプレイは他のディスプレイに比してどのように勝ち残ってゆくのであろうか．

演習問題

[1]　異方性物質に直線偏光を入射すると，物質通過後にはどのような偏光状態になっているか．

参考文献

David Dunmur, Tim Sluckin 著，鳥山和久 訳『液晶の歴史』，朝日新聞出版（2011）
沼上幹 著，『液晶ディスプレイの技術革新史―行為連鎖システムとしての技術』，白桃書房（1999）
竹添秀男 著，『液晶の作る世界―画像をかえた素材―』，ポプラ社（1995）

第2章

分子の形と液晶の種類

第1章で棒状分子の形成するネマティック液晶を紹介した．実は一口に液晶と言っても様々な種類がある．結晶がその結晶構造の対称性により32の結晶群のどれかに分類されるのに対して，分子の様々な要因によって，液晶にはそれ以上の種類があり，今日でも新しい液晶相が発見されている．本章では特に分子の形に注目し，さまざまな分類法に従って，液晶の種類を整理する．

2.1　相転移の仕方による分類

第1章で紹介した液晶は温度を変化させることによって相転移を起こすものであった．このような液晶をサーモトロピック（温度相転移型）液晶という．液晶ディスプレイで用いられているネマティック液晶はこの例である．サーモトロピック液晶が基本的には1種類の分子からなる1成分系であるのに対して，これらとは別に液晶性をもたらす分子とその溶媒から形成される2成分系のライオトロピック（濃度相転移型）液晶と呼ばれる種類がある．この種の液晶では相転移は溶質の濃度を変化させることによって生じる．もちろん，相転移点（相転移濃度）は温度にも依存する．

サーモトロピック液晶の詳細は次節で分子の形と相構造との関連も含めて記述することとし，本節ではライオトロピック液晶に関して説明する．実は身の回りにはライオトロピック液晶があふれている．洗剤，細胞膜などである．

洗剤や石鹸は粒形，固形などの固相であるが，水に溶かすことによって液晶相を示す．ライオトロピック液晶相を示す溶質分子は一般に両親媒性分子である．図2.1に模式的に示すように，分子は一方に親水基，もう一方に1本あるいは2本の炭化水素鎖のような疎水性基を有する．洗剤のような界面活性剤はこのような分子からできている．このような分子を水に溶かすと一様に溶けず，小さな集合体を形成（ミクロ相分離）する．この集合体の構造は両親媒性分子の形に大きく依存する．2つの例を図2.2に示す．疎水部が比較的短く，親水部が大きい円錐形の分子は (a) ミセル構造をとりやすい．親水部を外側に，疎水部を内側にした球状の集合体である．ミセルの外側を水が取り囲み，親水部は水と接し，疎水部は水を避ける構造になっている．疎水鎖が2本になり，分子の形状が円柱に近づくと，(b) 2分子膜を形成する．生体の細胞膜などを形

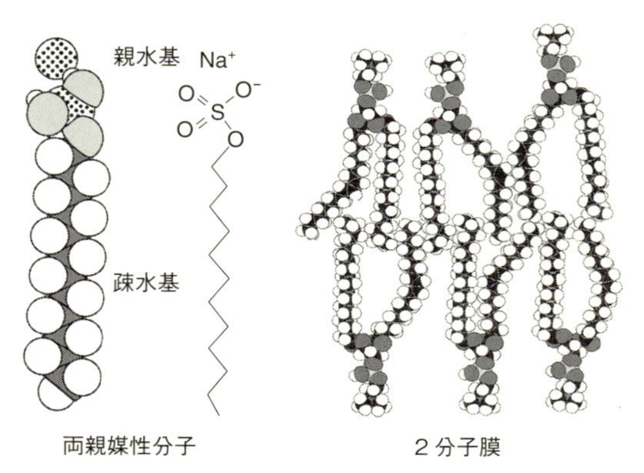

図2.1　両親媒性分子の一例と，両親媒性分子の形成する2分子膜の構造

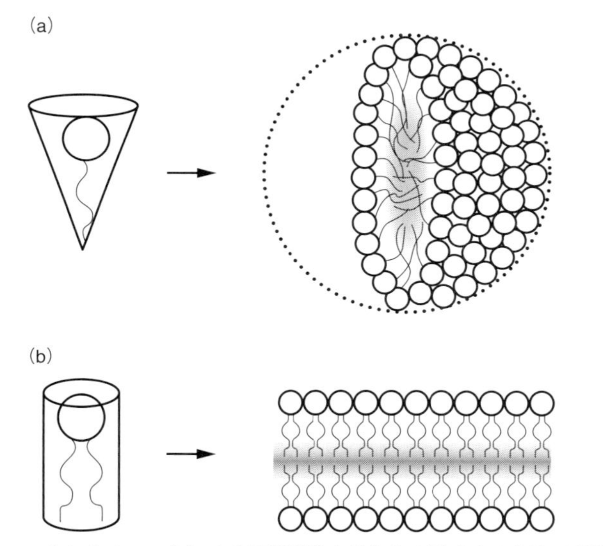

図 2.2　(a) ミセル，(b) 2 分子膜構造とそれらを形成する分子の形状

作る 2 分子膜はまさにこの構造である．

分子の形の関連で言うと，円錐形と円柱形の中間的な形の分子は球状のミセルではなく，柱状のミセルを形成する．一方，円錐形でも長い 2 本以上の疎水基を持つ分子は，水を球内に取り込んだ逆ミセルという集合体を形成する．とは言っても，分子の形状が決まると形成する集合体の構造が決まってしまうわけではない．構造体は溶質の濃度や温度などによっても変化する．

次に，これらの集合体が形成する液晶相について述べる．ミセルや逆ミセルは一般に水中に一様に分散し，異方性は持たないが，水濃度の非常に低い状態で，逆ミセルの周期的配列状態が実現することもある．逆ミセルという原子が結晶を作ったような状態である．

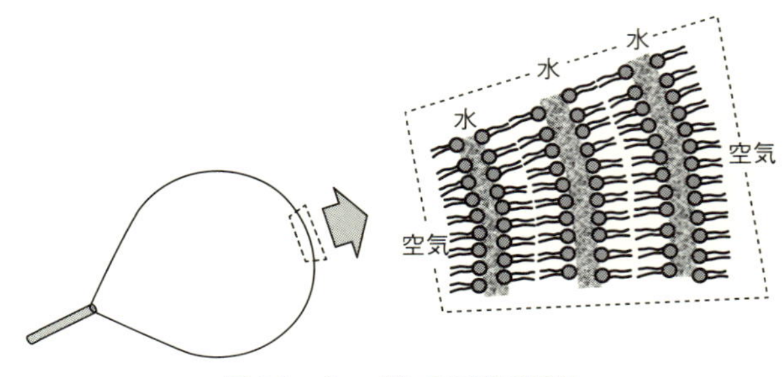

図 2.3　シャボン玉の膜の構造

柱状ミセルは平行に配列し，柱に垂直な断面が六方晶を有するミドル相を形成する．2分子膜はそれを殻とする球状構造を形成することもあるが，一般には，積み重なって層状構造を形成する．このような相をラメラ相と呼ぶ．

細胞膜は2分子膜構造をしていることを上述したが，液晶という規則正しい構造でありながら流動性を持った構造は，物質輸送を通じた情報伝達の理想的な場を提供している．また，ラメラが筒状に丸まった構造も生体内に多く見られる．神経鞘（ニューロン）はそのよい例である．

石鹸水や界面活性剤を使ってできるシャボン玉も2分子膜構造の典型である．ただし，最外層が空気と接するため，図2.2(b)の構造とは異なり，図2.3のような構造であることに注意する必要がある．石鹸を使うと，最外層の疎水部で油分を取り囲み，洗い流すことができる．

2.2　分子の形と相

液晶相を示す代表的な分子の形状は棒と円板である．本節ではこれら 2 種類の形状の分子が示す液晶相を述べ，それ以外の特殊な形状の分子が示す液晶相に関してはコラムで紹介する．

2.2.1 棒状分子の作る液晶相

液晶と言えば棒状分子と言われるほど，多くの棒状分子が合成されている．それらのいくつかを図 2.4 に示す．1.1 節で紹介した分子はこのようなもので，多くの化合物が最も基本的な液晶であるネマティック相（図 1.3）を示す．ネマティック相が完全に分子重心位置の秩序がないのに対して，多くの分子が一次元秩序（層構造）を持ったスメクティック相を示す．最も基本的なスメクティック相である，スメクティック A 相とスメクティック C 相の分子配列構造を図 2.5(a)，(b) に示す．図を見ても明らかなように，A と C の違いは分子の平均的な向き（ダイレクター方向）が層法線方向であるか，傾いているかである．特殊なものでは，傾く方向が一層ごとに逆向きになったスメクティック C_A 相と言われる相も存在する（図 2.5(c)）．いずれも層内で分子は自由に移動でき，液体的であるが，層間の移動は幾分制限される．このように，スメクティック相は 1 次元結晶，2 次元液体と言える．

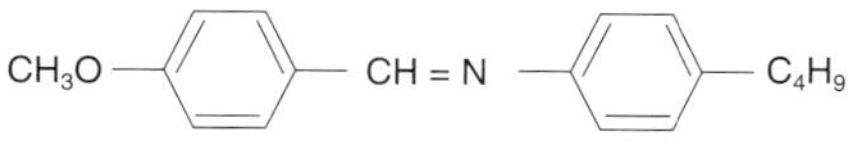

CH_3O — (benzene) — CH = N — (benzene) — C_4H_9

MBBA：Cryst 22度 N 47度 Iso

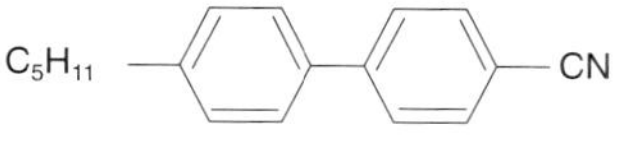

C_5H_{11} — (benzene) — (benzene) — CN

5CB：Cryst 23度 N 35度 Iso

図 2.4 歴史的に重要な液晶分子．MBBA は初めて合成された室温液晶，5 CB は初めて合成された化学的に安定な室温液晶

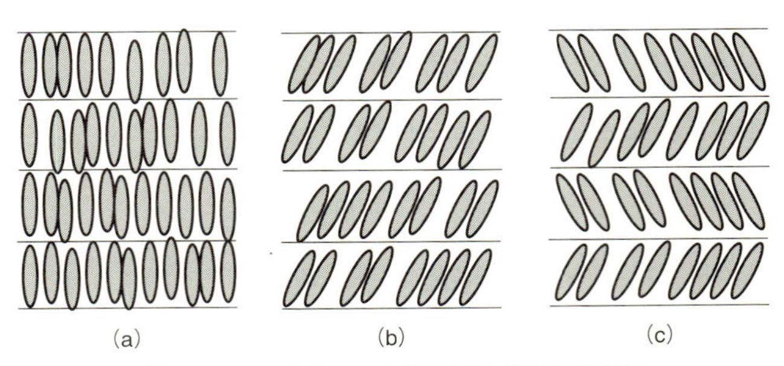

図 2.5　スメクティック液晶相の分子配列構造
(a) スメクティック A 相，(b) スメクティック C 相，(c) スメクティック C_A 相

このようなスメクティック相で，さらに秩序が上がり，結晶相に近づいた相も存在する．層内での液体的な状態に秩序が発生した相である．層内の位置の秩序は最も密度の高い六方晶秩序である．スメクティック A に長距離の六方晶秩序が加わった B_{cryst}，E 相がある．また，傾いたスメクティック相に長距離の六方晶秩序が生じた場合には，傾き方向による違いも加わり，スメクティック G，J，H，K 相などが存在する．さらにこれらに対応して，六方晶の位置の秩序は短距離で，六方晶格子の方向のみの秩序が発達した，若干秩序の低い（高温側に現れる）スメクティック $B_{hexatic}$，F，I 相なども知られている．このような秩序をヘキサティック秩序と呼ぶ．交互に傾いたスメクティック C_A 相に対応した秩序の高い相としてはスメクティック I_A のみが知られているが，他の傾いた相にも交互に傾いた相が現れる可能性はある．このようにざっと挙げただけでも，棒状分子のスメクティック相には両手に余る種類が知られている．

2.2.2　円板状分子の作る液晶相

棒状と並んで液晶相を形成する重要な形状が円板状である．円板状分子が液晶状態を示すことが示されたのは比較的新しく，1977年のことである．このとき合成された分子と比較的よく調べられている円板状分子を図 2.6 に示す．いずれも中心に剛直な円板状部分があり，その周りに多数の柔軟な炭素水素鎖がついている．

このような形状の分子があったとき，どのような液晶相をとるであろうか．棒状分子のネマティック相に対応するのがディスコティックネマティック相である（図 2.7(a)）．棒状分子がその長軸をある平均的な方向（ダイレクター）に向けた異方性流体であるのに対して，ディスコティックネマティック相は，円板状分子がその円板法線方向をある平均的な方向に向けた異方性流体である．光学的な大きな特徴は屈折率異方性である．ネマティックがダイレクター方向に偏光した光の屈折率が垂直方向より大きい（正の光学異方性）のに対して，ディスコティックネマティック相では逆の異方性（負の光学異方性）を持つ．

もう 1 つの重要な相がディスコティックカラムナー相である．図

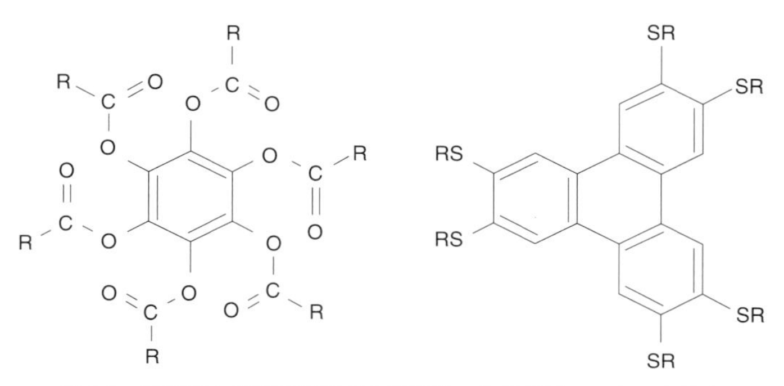

図 2.6　典型的な円板状液晶の化学構造．R は長鎖アルキルを示す

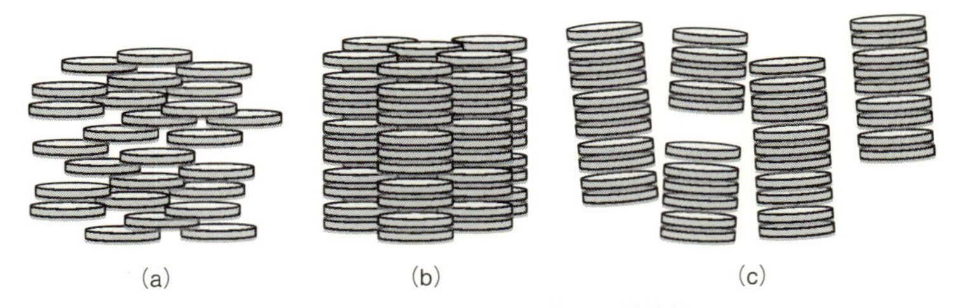

図 2.7　円板状分子の形成する液晶相
(a) ディスコティックネマティック相, (b) ディスコティックカラムナー相,
(c) カラムナーネマティック相

2.7(b) のように円板が積み重なって円筒（カラム）を形成し，そのカラムの断面は六方晶を形成している．六方晶という2次元の位置の秩序を持ちながら，カラム内では分子の位置の秩序はない．棒状分子のスメクティック相が2次元液体1次元結晶であるのに対し，カラムナー相は1次元液体2次元結晶である．

ネマティックとカラムナーの両方の特徴を持つカラムナーネマティック相も存在する．図 2.7(c) のように，有限の長さのカラムが位置の秩序を失い，カラムの向きだけを揃えて配列した状態である．ちょうどカラムを棒状分子と見立てたときのネマティック相と同じ構造である．

2.3　高分子液晶

これまで述べてきた液晶はせいぜい長さ数ナノメートル（nm, 百万分の1 mm）のいわゆる低分子からなる液晶相である．液晶ディスプレイに使われているのも低分子である．しかしながら，高分子にも液晶相を示すものがあり，高強度材料その他に応用されている．

高分子液晶には大きく分けて図 2.8 に示す 2 種類（(a) 主鎖型と (b) 側鎖型）がある．いずれも液晶を発現する剛直な部位（メソジェン）を含む．主鎖型ではメソジェンが柔軟鎖でつながれ主鎖を形成し，側鎖型では柔軟な主鎖にメソジェン側鎖がぶら下がった構造をしている．主鎖，側鎖のいずれにもメソジェンを含む複合型も知られている．また，サーモトロピック液晶ばかりではなく，ライオトロピック液晶も存在する．

メソジェン部は一般に平行に並ぼうとするので主鎖型でも側鎖型でもネマティック相を形成する．しかし，メソジェン部が層構造を形成しスメクティック相を示すこともある．一般にはスメクティック A 構造をとるが，スメクティック C_A 構造をとる主鎖型高分子液晶も知られている．

高分子液晶の最も重要な応用は高強度繊維である．液晶状態から

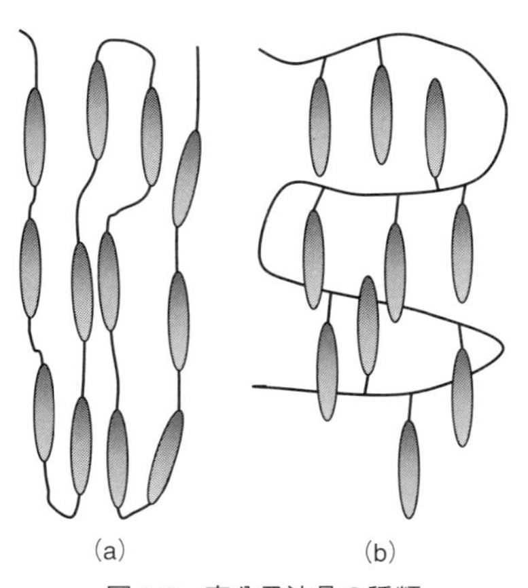

図 2.8　高分子液晶の種類
(a) 主鎖型，(b) 側鎖型高分子液晶

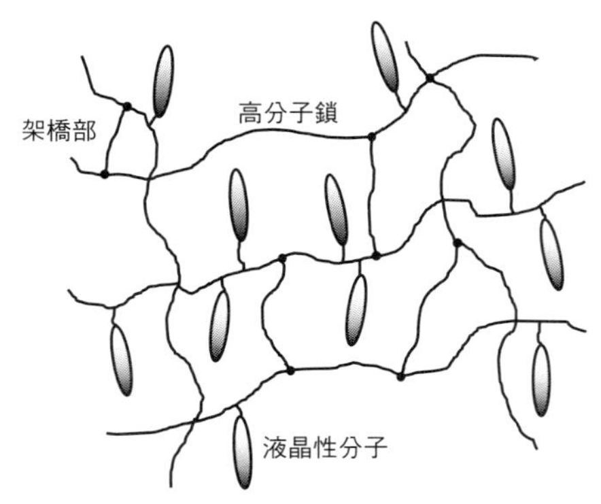

図 2.9　液晶エラストマーの構造

紡糸（液晶紡糸）することによって，分子が規則正しく並んだまま繊維化し，高強度が得られる．デュポンが商品化したケブラーが有名である．構造材として広く用いられている．

高分子液晶の一種として液晶エラストマーも重要な物質である．エラストマーはゴム弾性を有する材料の総称であるが，その性質を付与するため，高分子のネットワークが必要である．そのネットワークに図 2.9 のようにメソジェンを付けて液晶エラストマーが形成される．ゴム弾性に加えて，ゲルとしての性質，液晶ゆえの異方性，長距離秩序による良好な外場刺激応答性を持つ．このような性質から，人工筋肉などアクチュエーターとしての応用が期待される．

2.4　キラリティと液晶

自然界にはアサガオのつるや巻貝など，らせん構造を持ったものが多数存在する．らせんは鏡に映すと右（左）らせんは左（右）らせんになる．また，らせん構造は持っていなくても，鏡に映すと明らかに異なって見えるものもある．たとえば右手を鏡に映すと左手になる．サイコロも実はそうである．サイコロの目のふり方は表と裏を合わせて7になるという条件だけでは一意的に決まらず，1,2,3の見える頂点方向から見てこれらが，右回りであるか，左回りであるかの2種類があり，これらはお互いに鏡像関係にある（図2.10）．分子の中にも，お互いの鏡像を重ね合わせられない分子がある．これらの分子をキラル分子，お互いに鏡像の関係にある分子を光学異性体と呼ぶ．キラル分子が液晶構造に与える影響は非常に大きいので，この節ではキラル分子を含む液晶相に関して解説する．

キラル分子には大きく分けて2種類ある．1つは図2.11(a) に示すような不斉炭素を含む分子である．炭素は4本の結合手を持つが，これらすべてが異なった原子あるいは基に結合しているとき不斉炭素と言い，鏡像は光学異性体である（図2.11(b)）．もう1つはねじれた配位を持った分子である（図2.11(c)）．キラル液晶には圧倒的に前者が用いられることが多いが，後者のような例も見られる．

さて，このようなキラル分子が液晶を形成したとき，あるいは液

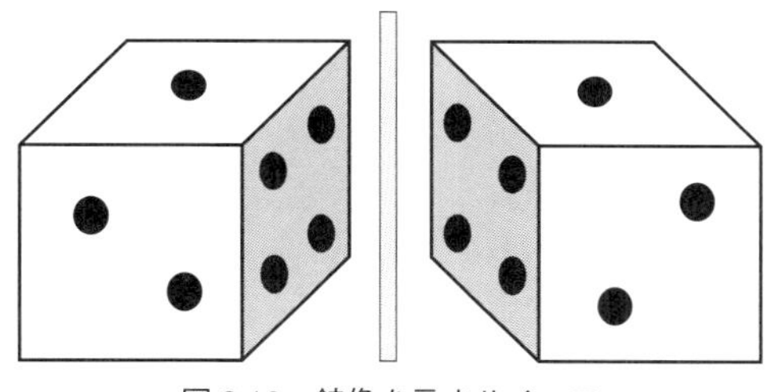

図2.10　鏡像を示すサイコロ

晶系にキラル分子が添加されたとき，何が起こるであろうか．液晶の構造にもねじれた構造が発生する．最も重要な相がコレステリック（キラルネマティック）相である．局所的にはネマティック相と同様であるが，ダイレクターがその垂直方向を軸としてねじれ，図

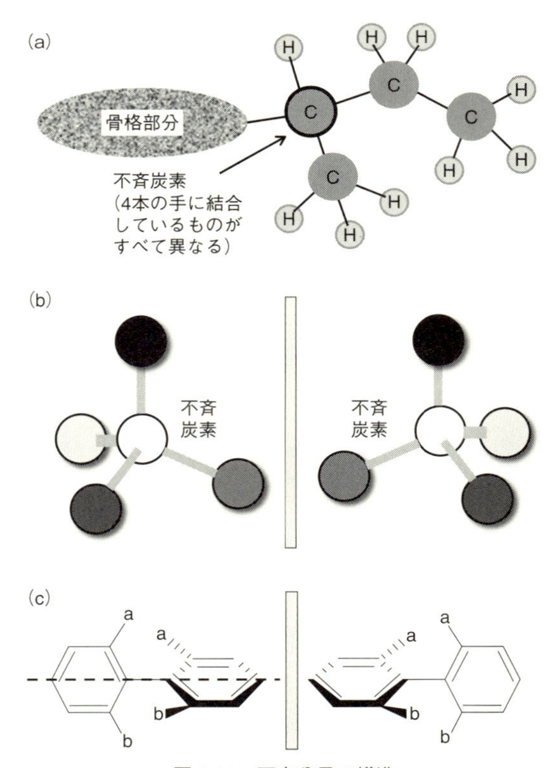

図 2.11　不斉分子の構造
(a) 活性（キラル）炭素を含む液晶分子，(b) 活性炭素，(c) 軸不斉における鏡像

2.12 のようならせん構造を形成する．このらせんはコレステリック液晶に特徴的な光学的性質を与える．らせんのピッチを p とすると，構造周期は $p/2$ なので，$2(p/2)\cos\theta = m\lambda$ のブラッグ条件を満たす光を反射する．ここで θ は光の進行方向がらせん軸に対してなす角，λ は光の波長，m は反射の次数である．簡単のためにらせんに沿った光の入射（$\theta = 0$）による 1 次の反射（$m = 1$）を考えると，$p = \lambda$ となる．λ は液晶中での光の波長なので，コレステリック液晶はピッチの屈折率倍の波長の光を反射する．コレステリック液晶が色づいて見えるのはピッチが可視域にあるからである．もう 1 つの特徴は次のような選択率である．コレステリック液晶はらせんの掌性と同じ掌性の円偏光を反射し，逆の掌性の円偏光は透過させる（選択反射）．ピッチは温度によって変化するので，コレステリック液晶シートは温度計として用いられる．

スメクティック液晶にもらせん構造は発生する．キラル分子がスメクティック C 相を形成すると，層内での分子の傾き方向が層から層へ変化し，図 2.13 のようならせん構造を形成する．このような相をキラルスメクティック C 相と呼ぶが，このような液晶系では，対称性の要請から，強誘電性が発現することが知られている（3.6 節参照）．同様に，キラルスメクティック $\mathrm{C_A}$ 相では反強誘電性が発現する．分子が層法線方向から傾いていないスメクティック A 相でも，キラリティが高いとき，らせん構造を持つことがある．

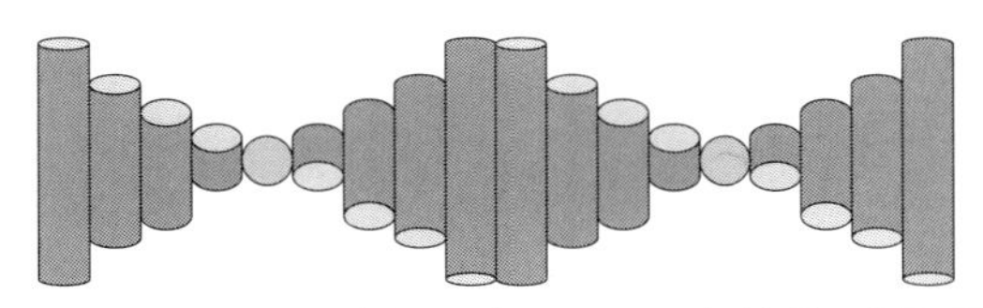

図 2.12　コレステリック（キラルネマティック）液晶の分子配列構造

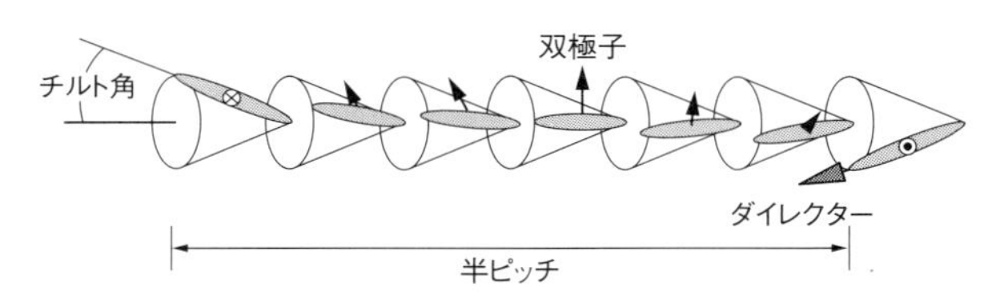

図 2.13　キラルスメクティック C 相の分子配列構造

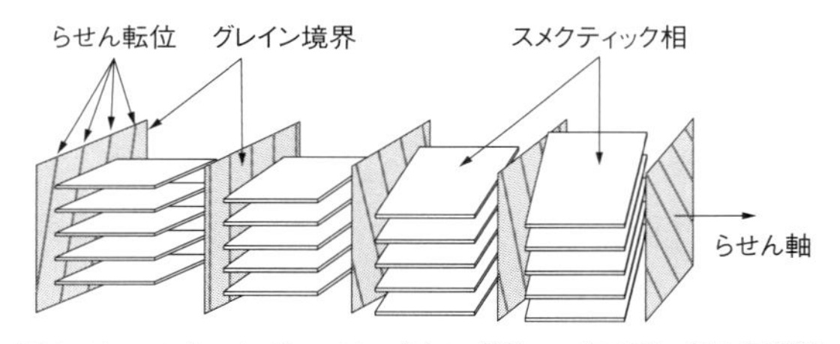

図 2.14　ツイストグレインバウンダリー（TGB）相の層構造

このときには層構造自体が不連続に回転する（図 2.14）．このような相をTGB（Twist Grain Boundary，ツイストグレインバウンダリー）相と呼ぶ．不連続回転面にはらせん転移という欠陥構造が存在し（4.2 節参照），構造を安定化させている．スメクティック C_A 相，TGB 相が発見されたのは 1989 年である．

2.5　3 次元秩序を持つ液晶相

これまで，位置の秩序に関して言えば，まったく持たないネマティック相，層構造という 1 次元秩序を持つスメクティック相，らせん構造という 1 次元秩序を持つコレステリック相，2 次元ヘキサゴナル秩序を持つカラムナー相などを見てきた．液晶の中には結晶のように 3 次元の位置の秩序を持つものも存在する．層構造に加えて，層内にも2次元秩序を持ち，全体として3次元秩序を持つ高次のスメクティック相はその1つである．液晶の中には，この例とは異なり，様々な要因で3つの方向に同様な位置の秩序を持ち，光学的に等方的な相が存在する．

その1つがブルー相である．キラル分子からなる，あるいはキラル分子を含む等方的液体から温度を下げ，コレステリック相が出現する場面を想像しよう．ダイレクターがz方向を向いているとすると，らせんはxy面のいずれの方向にも発生することができる．結果，図2.15のようなダブルツイストシリンダーができ，これが図2.16のような格子を組んで3次元構造が完成する．それぞれブルー相I，ブルー相IIと呼ばれる．また，格子の長距離秩序のない（ガラスのような）ブルー相IIIも存在し，これらは低温側から順に現れる．もちろん，すべての等方相—コレステリック相転移の間に出現するわけではなく，キラリティの高い液晶系において数度の温度範囲に限って現れる．ただし，最近ではブルー相の温度範囲が

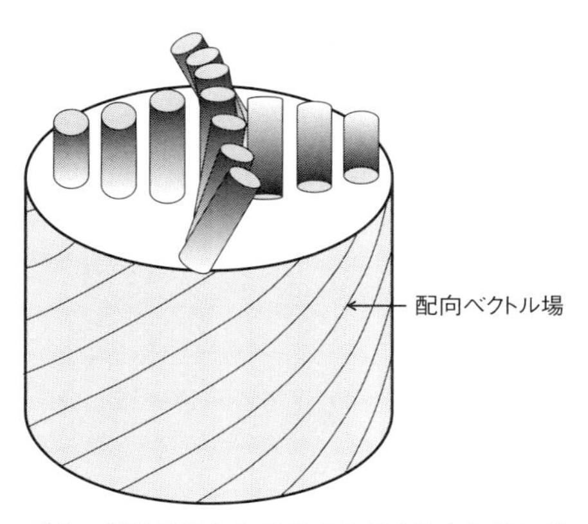

図2.15　ブルー相の骨格となるダブルツイストシリンダーの構造

コラム4

新しいタイプの液晶

2.2 節で液晶に適した分子形状として棒状と円板状を挙げた．しかし近年，液晶には向かない分子形状だとされてきた屈曲形液晶が，思いもよらない新しい液晶の分野を作り出した．重要な話題は極性構造とキラル構造である．2.4 節でキラルスメクティック C 相，C_A 相がそれぞれ強誘電性，反強誘電性を示すことを述べたが，いずれもキラリティを導入することによって対称性を下げる必要がある（3.6 節参照）．しかし，屈曲形液晶は屈曲方向を揃えたスメクティック相を形成しやすく，キラリティがなくても屈曲方向に分極の揃った層が出現する．隣り合う層間で分極が同じ方向に向いていれば強誘電性，反対方向を向いていれば反強誘電性である．これはキラリティを有さない初めての極性液晶相である．また，もし，ダイレクターが層法線から傾いていれば，この系にはダイレクター方向，層法線方向，分極方向（屈曲方向）の 3 つの軸が存在し，この 3 つが右手系を組むか，左手系を組むかで，たとえ分子が非キラルであっても，層にキラリティが付与される．この場合も隣り合う層が同じキラリティを持っている場合とキラリティが層ごとに入れ替わる場合がある．たとえ前者の場合でも，分子が非キラルなので，両方のキラル領域が同じ割合で存在する．キラル領域の割合を変えて試料全体に一様なキラリティになるように制御したり，電界印加によるキラリティのスイッチングなどの実験も行われている．その他，屈曲形特有の多くの液晶相が発見されている．図にキラリティを示す屈曲形液晶相の偏光顕微鏡写真を示す．

形状が極性に影響を与えるもう 1 つの例が傘状液晶である．この例については 3.6 節で詳しく述べる．その他，屈曲形でも非常に鋭く屈曲している分子，デンドリマー型分子など，様々な形状の分子が液晶相を形成することが示されている．まだまだ，新しい液晶相の発見は続く．

図　キラリティを示す屈曲形液晶相の偏光顕微鏡写真．大塚洋子氏撮影
→口絵1参照

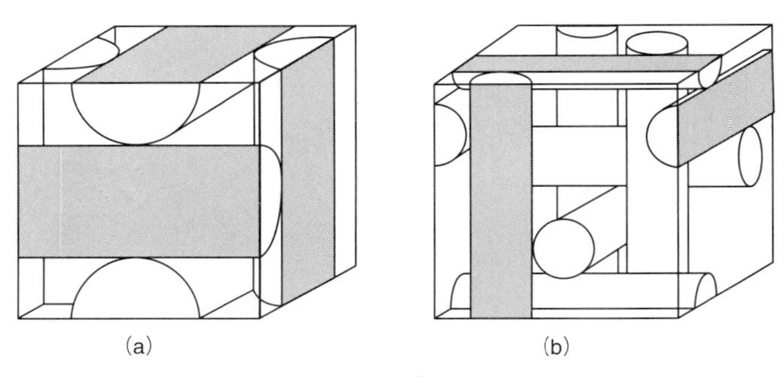

図 2.16　2 つのブルー相の構造
(a) ブルー相 II（単純立方），(b) ブルー相 I（体心立方）．円柱はダブルツイストシリンダーを示す

30℃ 程度に及ぶ分子も発見されている．キラリティの高い系に現れることかららせんのピッチが短いことが多く，青を中心とする反射が見られることからブルー相と呼ばれる．ライニッツァーが最初に観察した虹色（1.2 節参照）はこのような原因によるものである．らせんピッチが紫外域に入ると，反射光は見えず，構造が光学的に等方的であることから直交偏光子の下で真っ暗に見える．

もう 1 つの重要な 3 次元秩序相がキュービック相である．キュービック相の周期はブルー相に比べて数十倍も短く，10 nm 程度である（1 mm の 10 万分の 1）．会合体形成能の高い剛直部が集合してある構造を形成し，比較的長い 1 本あるいは 2 本の柔軟鎖がその間を埋めている．キュービック相はスメクティック C 相を持つ液晶分子に現れることが多い．なぜ分子が層法線方向から傾き，スメクティック A 相から C 相へ転移するか，スメクティック C 相を安定化させている相互作用は何かということに統一的な見解は与えられていないが，キュービック相がスメクティック C 相を持つ液晶物質に現れるという事実は興味深い．キュービック相は 2.1 節で述

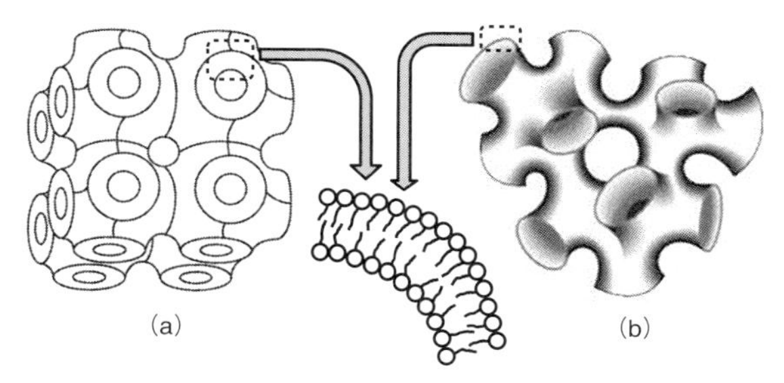

図 2.17　ライオトロピック液晶における，(a) キュービック相と (b) スポンジ相の構造．いずれも構造は等方的である

べたライオトロピック液晶でも見られる．柱状ミセルが 3 次元格子を組んだものがキュービック相である．サーモトロピック液晶で長い柔軟鎖の役割を果たしているのが，溶媒（水）である．また，2 分子膜が規則的な 3 次元構造を組んだキュービック相も知られている（図 2.17(a)）．また，この構造がランダムな 3 次元構造を形成したものがスポンジ相である（図 2.17(b)）．

2.6　生体と液晶

1.2 節や 2.1 節で述べたように，2 分子膜やその構造体は生体内に多数存在する．その細胞内にあり，生体の遺伝情報をつかさどる DNA も液晶相を形成する．DNA はよく知られているように剛直な 2 重らせんである．剛直な棒状の形状から予想できるように，DNA の濃厚水溶液は異方性のある液晶状態を示す．また，細胞中で DNA が設計図となって作られるタンパク質の構成要素であるポリペプチドは，アミノ酸がペプチド結合によってつながれたらせん状剛直高分子だが，これもモデル高分子液晶としてよく研究されている．

多数のタンパク質分子からなるタバコモザイクウイルス（TMV）は，初めて発見されたウイルスとして有名である．比較的大きい（長さ約 300 nm 程度，直径約 18 nm）ので，そのタバコのような形状が電子顕微鏡で容易に観察できる．TMV 溶液を高分子などと混合することにより，相分離を起こし，TMV はネマティック，ある場合にはスメクティック液晶構造を形成する．

このように生体と液晶とは切っても切れない関係がある．ディスプレイに使われている液晶はすべて合成して作られているが，2.4 節で述べたコレステリック液晶温度計に使われている材料は，イカや魚の内臓から抽出されたものを使っていることを付記しておく．

演習問題

[1]　層構造が存在するかどうかは X 線構造解析をすることによって明らかにできる．スメクティック A 相，スメクティック C 相の配向試料の X 線回折像はそれぞれどのようになるか．

参考文献

竹添秀男，渡辺順次 著，『液晶・高分子入門』，裳華房（2004）

第3章 液晶の基本物性

流動性と異方性を併せ持つ液晶は，結晶や液体にはない様々な性質を示す．方向の異方性を持つことから，多くの物理量は様々な刺激に対して異方的な応答を示す．これは液体には見られない．しかも流動性があるので，外部刺激に対して分子は容易に方向を変化させる．結晶では外部刺激に対する変位が原子レベルであるのに対して，液晶では巨視的であり，大きく物性を変化させることがある．本章ではこのような液晶の基本物性を解説する．なお，特に断らない限り，分子は棒状であり，ネマティック相を示すものとする．

3.1 配向の長距離秩序

1.1 節で，液晶分子は長軸方向をある平均的な方向に向けて配列すること，また，この方向をダイレクターと呼ぶことを述べた．ダイレクターを表すベクトルを通常 $\mathbf{n}$ で表し，$\mathbf{n}=-\mathbf{n}$ である．ダイレクターの方向を規定するのは外場であり，界面である．界面による液晶配向制御に関しては 4.1 節で述べるが，界面の規制力だけで容易にミリメートルオーダーの一様な配向が得られる．分子の大きさが数ナノメートル（百万分の数ミリメートル）であることを考えると，配向秩序は分子自身の百万倍にも及ぶ長距離であることがわかる．

配向の秩序はネマティック温度領域内でも温度によって変化する．等方的な液体状態から転移した直後，秩序は比較的小さいが，温度低下に従って大きくなる．配向の秩序の大きさを表すために導入される量が配向秩序度である．ダイレクター $\mathbf{n}$ に対して分子長軸のなす角度を θ とすると（図 1.3 参照），配向秩序度 S は次のように表わされる．

$$S=\langle P_2(\cos\theta)\rangle=\langle\frac{1}{2}(3\cos^2\theta-1)\rangle=\int f(\theta)\frac{1}{2}(3\cos^2\theta-1)\,\mathrm{d}\Omega \tag{3.1}$$

ここで山かっこ〈〉は熱平均を表し，$P_2(\cos\theta)$ は2次のルジャンドル多項式である．$f(\theta)$ は分布関数であり，積分はすべての立体角 Ω に関してとる．すべての分子で $\theta=0$ であると完全配向で $S=1$，逆に配向が完全にランダムであると $S=0$ である．

実験的に S を決定するための簡便な方法は偏光吸収法である．ガラス板で液晶を挟みダイレクターがガラスに平行で，ある一方方向を向いたような試料を作製する（3.4 節，図 3.6 参照）．可視紫外の基礎吸収帯，あるいは赤外吸収帯で分子長軸方向に遷移モーメントを持つ吸収帯を選び，$\mathbf{n}$ に平行，垂直な吸収係数（$A_{\parallel}$，$A_{\perp}$）を，直線偏光を用いて測定すれば，S は

$$S=\frac{A_{\parallel}-A_{\perp}}{A_{\parallel}+2A_{\perp}} \tag{3.2}$$

で与えられる．完全に並んでいれば，$A_{\perp}=0$ なので $S=1$，完全にランダムであれば，$A_{\parallel}=A_{\perp}$ なので $S=0$ である．

それでは，このような配向の長距離秩序はどのような物理的要因によって起こるのであろうか．大きく分けて2つの力によって説明されている．斥力と引力である．斥力は直感的にわかりやすい．2つの物体は同時に同じ場所を占めることができないので，ある物

体はその周りに他の物体を入り込ませない領域を持つ．これを排除体積という．集合状態では排除体積を最小にするように分子は配向する．棒状分子の場合，分子は平行に並んだとき，排除体積が最小になる．このとき，パッキングエントロピーが最大になる．棒状分子の液体相と液晶相の相転移は分子の配向をバラバラにしようとするエントロピー効果とパッキングエントロピーの競合によって起こる．分子の濃度が増加するとパッキングエントロピーの効果が分子配向のエントロピー効果より大きくなり，液体から液晶へと相転移する．このような斥力モデルは，2.6 節で述べたタバコモザイクウイルス（TMV）の水溶液が TMV の濃度がある一定値を超えると，引力がまったく働かなくともネマティック相を示すという現象を説明するために，オンサーガーによって導入された理論である．

一方，ファン・デア・ワールス引力によって液体—液晶相転移を説明したのがマイヤーとサウペである．剛体球に関するレナード・ジョーンズの取り扱いと異なり，分子間の引力はそれらの分子間の距離のみでなく，分子長軸のなす角度に依存することに注意する必要がある．2 つの分子が近づくほど，また，配向秩序が高いほど，引力相互作用ポテンシャルは下がる．このようにしてポテンシャルの低いネマティック状態が出現する．等方相とネマティック相間の相転移の理論的な取り扱いに関しては 3.7 節で述べることにする．

3.2 弾性と粘性

ばねに小さな応力を加えたとき，弾性変形が生じ，応力を取り除くと元の形状に復元する．スメクティック液晶のように，層構造という一次元の位置の秩序があると，層法線方向に圧力を加えたとき，固体と同様な圧縮弾性率が観測される．しかし，層に平行な圧力に対して，液晶は液体的である．したがって，重心の位置の秩序のないネマティック液晶にはこのような圧縮弾性は存在しない．しかし，ネマティック配向秩序を乱そうとする力に対しては復元力が働く．すなわち，位置の変形ではなく，方位の変形に対しては復元力が働く．

3つの独立した変形が考えられる．すなわち，図3.1に示すようなスプレイ（広がり），ツイスト（ねじれ），ベンド（曲げ）変形である．このような変形を与えたときの弾性定数をK_{11}，K_{22}，K_{33}で表す．弾性エネルギーは，固体の弾性エネルギーと同様な形で，ただし位置の歪xを3つの方位の変形，$\nabla\cdot\mathbf{n}$，$\mathbf{n}\cdot(\nabla\times\mathbf{n})$，$\mathbf{n}\times(\nabla\times\mathbf{n})$で置き換えた形で表される．

$$f=\frac{1}{2}K_{11}(\nabla\cdot\mathbf{n})^2+\frac{1}{2}K_{22}\{\mathbf{n}\cdot(\nabla\times\mathbf{n})\}^2+\frac{1}{2}K_{33}|\mathbf{n}\times(\nabla\times\mathbf{n})|^2 \tag{3.3}$$

液晶の配向は境界条件（界面による分子配向規制）のもとで，この弾性エネルギーと外場（たとえば電界）のエネルギーの和を極小にすることによって決定されるので，式(3.3)は重要な表式である．

ディスプレイに用いられるほとんどのネマティック液晶の弾性定数は数ピコニュートン（pN），から数十pNの範囲の大きさを持ち，

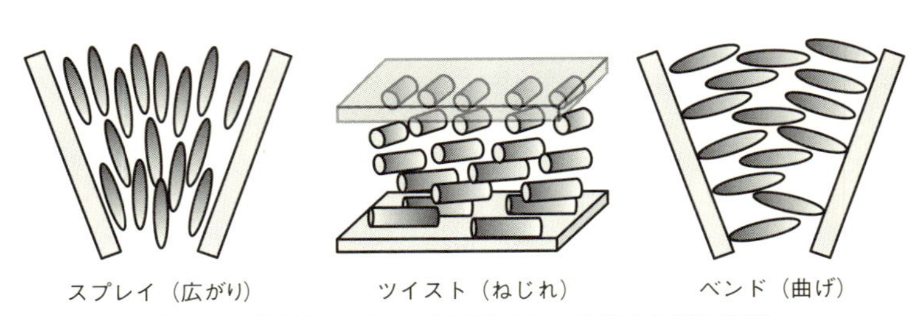

図3.1　棒状ネマティック液晶の3つの独立な弾性変形

$K_{22}<K_{11}<K_{33}$ である．また，当然ながら，温度の低下に従って大きくなる．様々な物理現象の理解においては，簡単のために一定数近似，$K_{11}=K_{22}=K_{33}=K$，を用いることが多い．しかし，ディスプレイの性能には個々の弾性定数の大小が関わっていることも多く，一定数近似を用いない解析も重要である．しかも，$K_{11} \ll K_{22} \ll K_{33}$ の特性を持つ棒状液晶が発見されたり，第2章のコラム4で紹介した屈曲形液晶では K_{33} が最も小さいことが明らかになるなど，弾性の観点からも，新しい液晶分子がまだまだ登場している．ディスプレイの性能向上のために様々な液晶の混合が行われる際にこのような液晶が重要になる可能性があり，すべての弾性定数の情報を得ておくことは非常に重要である．その決定法に関しては3.4節で述べる．

ディスコティックネマティック液晶の弾性に関しては測定例が少ない．最近の測定では $K_{11}>K_{33}$ でいずれも数 pN の大きさである．注意すべきことは，それぞれの変形は「ダイレクターの」スプレイであり，ベンドであることである（図3.2）．ダイレクターは平均的には円板状分子の面法線方向なので，スプレイは円板面のベンド，ベンドは円板面のスプレイに対応する．

スメクティック液晶の弾性についても触れておこう．層間隔一定

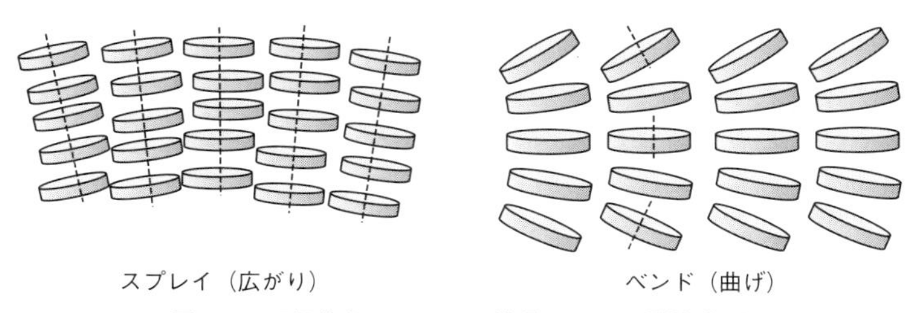

図3.2　円板状ネマティック液晶の2つの弾性変形

の制約は非常にきついので，層間隔を変化させるような弾性変形には大きなエネルギーを必要とする．したがって，図3.3に示すように，スプレイ変形は可能であるが，ベンド変形は不可能である．このため，ネマティック相の低温側にスメクティックA相が存在すると，ベンド変形に対する弾性定数K_{33}は相転移の前駆現象として発散的に増加する．ネマティック相の低温側にスメクティックC相が存在する化合物はそれほど多くないが，この場合は，K_{11}を含めてすべての弾性定数がスメクティックC相に向かって発散的に増加してゆくことが，理論的にも実験的にも確認されている．

異方性流体であるため，液晶のダイレクター方向と流れの方向，速度勾配の間の関係によって6つのレスリー粘性係数η_1～η_6が定義されている．しかし，これらの間にパロディの関係式$\eta_6=\eta_2+\eta_3+\eta_5$があるので，実際には独立した粘性係数は5つ存在する．ディスプレイで重要になる回転粘性係数γ_1は図3.4に示すη_2とη_3のような流れに関係し，$\gamma_1=\eta_3-\eta_2$で与えられる．その他，測定法に従って，ミーソビッツ粘性係数などが定義されているが，いずれも

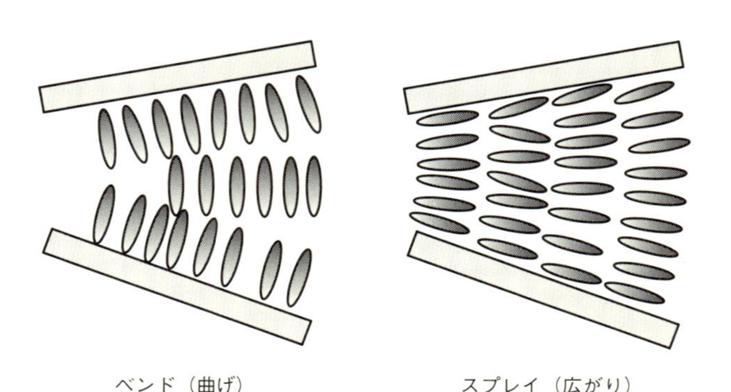

図3.3　スメクティック相におけるダイレクターのベンド変形とスプレイ変形

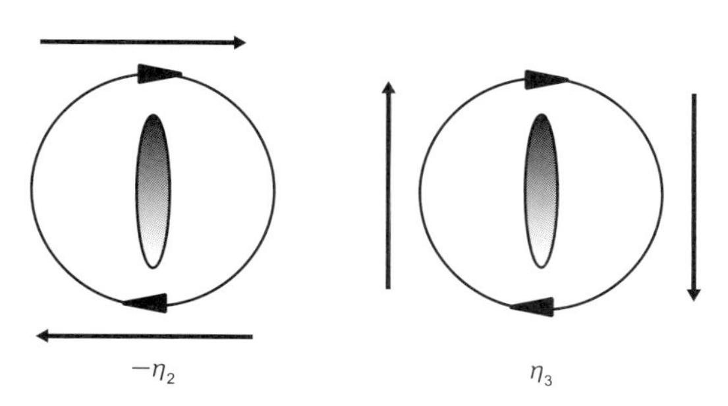

図 3.4　回転粘性係数 γ_1 に関係する 2 つのレスリー粘性係数，η_2 と η_3 に関係するダイレクター方向と流れの方向の関係

レスリーの粘性係数を用いて表される．実際にすべてのレスリー粘性係数を求めることは容易ではないが，低分子液体の粘性係数とほとんど変わらず，10～100 mPa·s(cP)，水の粘性の 10～100 倍程度である．

3.3　物理量の異方性

液晶は流動性を持ちながら，様々な物理量が異方的な性質を持つ．このことは外場による液晶の応答，物性を考えるうえで最も大切な性質である．当然，ディスプレイをはじめとする液晶の応用に対しても，最も重要である．異方性があるからこそ，液晶の様々な応用が考えられる．本節では様々な物理量に対する異方性を解説する．

3.3.1　磁気的・電気的異方性

一部の液晶を除いて，液晶は磁気的には反磁性体であり，電気的には誘電体である．反磁性体に磁界（磁束密度 $\mathbf{B}$）を印加したとき，磁界とは逆向きに磁化 **M** が誘起される．それ故，たとえば液晶を水に浮かべ，磁石を近づけると液晶は磁石から遠ざかろうとする．自発磁化を持たないため近づける磁石がN極であろうとS極であろうと事情は同じである．磁気異方性のためにダイレクター **n** に平行，および垂直方向の磁化率（$\chi_{\parallel}$ と $\chi_{\perp}$）は異なり，磁化 **M** は磁界を **n** と平行に印加するか，垂直に印加するかによって **M** が異なり，

$$\mathbf{M}=\frac{\chi_{\perp}\mathbf{B}}{\mu_0},\ \ \mathbf{M}=\frac{\chi_{\parallel}\mathbf{B}}{\mu_0} \tag{3.4}$$

で与えられる．磁化率それ自体は負の値で，棒状分子の場合，磁化率異方性 $\Delta\chi=\chi_{\parallel}-\chi_{\perp}$ は正である．**B** が **n** と θ をなす一般的な場合，**M** は

$$\mathbf{M}=\frac{1}{\mu_0}\{\chi_{\perp}\mathbf{B}+\Delta\chi(\mathbf{B}\cdot\mathbf{n})\mathbf{n}\} \tag{3.5}$$

となるので，液晶分子と磁界との相互作用エネルギー密度

$$F_{\mathrm{mag}}=-\int\boldsymbol{B}\,\mathrm{d}\boldsymbol{M}=-\frac{1}{2\mu_0}\{\chi_{\perp}\mathbf{B}^2+\Delta\chi(\mathbf{B}\cdot\mathbf{n})^2\} \tag{3.6}$$

を最小にするように液晶分子は配列する．すなわち，液晶分子は磁界に平行に（$\mathbf{B}/\!/\mathbf{n}$）配向する．直感的には次のように考えるとよい．フェニル環などを含む液晶分子が長軸の周りに自由回転しているとき，磁界が環状分子を貫くとレンツ電流が流れ，系のエネルギーが増加する．これを避けるためには，分子がその長軸を磁界方向に揃えればよい．

電気的には液晶は特別なものを除いては誘電性である．磁界を印加して磁化が発生するように，電界 **E** を印加すると分極 **P**

$$\mathbf{P}=\varepsilon_0\chi^{\mathrm{e}}\mathbf{E} \tag{3.7}$$

が生じる．ε_0 は真空の誘電率，χ^{e} は電気的感受率である．磁界の場合と同様，$\mathbf{E}$ が $\mathbf{n}$ と平行，垂直では χ^{e} が異なり，それぞれ，$\chi_{\parallel}{}^{\mathrm{e}}$，$\chi_{\perp}{}^{\mathrm{e}}$ で表す．少し複雑な形状の液晶の場合，ベクトル $\mathbf{P}$ と $\mathbf{E}$ は平行であるとは限らず，χ^{e} は実際には2階のテンソルである．液晶と電界の誘電的な相互作用を考える際には電気的感受率よりむしろ誘電率 ε を用いた方が便利である．これらは

$$\varepsilon = \mathbf{I} + \chi^{\mathrm{e}} \tag{3.8}$$

の関係で結ばれる．ここで $\mathbf{I}$ は単位テンソルである．液晶分子と電界の相互作用エネルギー密度 F_{ele} は磁界と同様な表式

$$F_{\mathrm{ele}} = -\int \boldsymbol{D}\,\mathrm{d}\boldsymbol{E} = -\frac{1}{2}\varepsilon_0 \{\varepsilon_{\perp}\mathbf{E}^2 + \varDelta\varepsilon(\mathbf{E}\cdot\mathbf{n})^2\} \tag{3.9}$$

で与えられる．ここで $\mathbf{D}$ は電気変位で，$\mathbf{E}$ とは

$$\mathbf{D} = \varepsilon_0 \varepsilon \mathbf{E} \, (= \varepsilon_0 \mathbf{E} + \mathbf{P}) \tag{3.10}$$

の関係がある．

上述したように，磁気異方性は常に正であるが，誘電異方性 $\varDelta\varepsilon = \varepsilon_{\parallel} - \varepsilon_{\perp}$ は液晶の分子構造によって正のものも負のものもある．正および負の誘電異方性を有する分子構造の例は5.2.1項に示すが，基本的にはそれぞれ分子の長軸方向，短軸方向に極性基を持つ．式(3.9) からわかるように，$\varDelta\varepsilon$ が正であればダイレクター $\mathbf{n}$ は電界方向を向いたとき，負であれば，$\mathbf{n}$ は電界と垂直方向を向いたとき，相互作用エネルギーが最小となり，最も安定である．5.3節で述べるように，ディスプレイへの応用にあたっては，そのモードにしたがって適切な誘電異方性を持った液晶を選択する必要がある．

3.3.2　光学異方性

液晶が光学的にも異方的であることはすでに第一章のコラム1で説明した．すなわち，ダイレクターに平行な直線偏光に対する屈折率n_eは，垂直方向のものn_oより大きく，有限な屈折率異方性$\Delta n=n_e-n_o$があり，これが複屈折の原因である．添え字eとoはextraordinary（異常），ordinary（正常）の頭文字であるが，その意味は後ほど説明する．Δnが正，および負の媒質を正の光学異方体，負の光学異方体と呼ぶ．基本的に棒状分子は正の光学異方体，円板状分子は負の光学異方体である．

異方性媒質に対して，任意の角度に伝播する光に対する屈折率の異方性を表すには屈折率楕円体を考えるのが便利である．図3.5に2つの屈折率楕円体を示す．(a)が棒状液晶に対するもの，(b)が円板状液晶に関するものである．ダイレクター方向がz軸で，分子はダイレクター周りで自由に回転しているのでx，y方向は等価である．すなわち，z方向からの光の入射に対してはどんな直線偏光に対しても屈折率はn_oなので，xy面は半径n_oの円となる．このように，屈折率が偏光方向に依らない入射方向を光軸と呼び，光

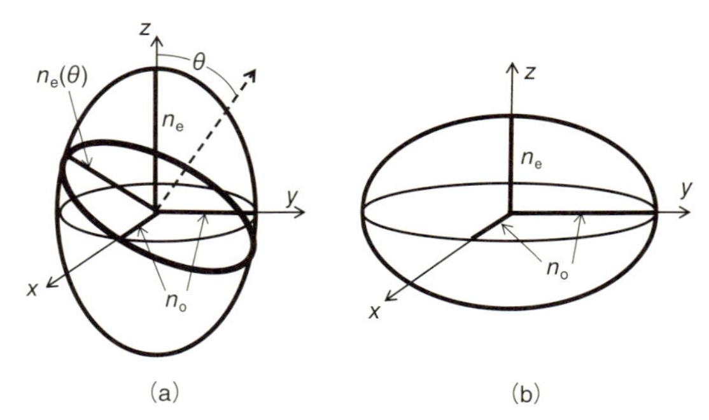

図3.5　(a) 正，(b) 負の光学異方性を持つ物質の屈折率楕円体

軸が１つのみの場合，光学的に一軸性であるという．ここで例示しているネマティック，ディスコティックネマティック相はいずれも一軸性で，光軸はダイレクターの方向と一致する．一方，z 方向と垂直方向から入射する光に対しては z 軸を含む面は n_e，n_o の長軸，短軸を持つ楕円となるので，直線偏光がダイレクターと平行であれば屈折率は n_e，垂直であれば n_o である．すなわち，屈折率楕円体は回転楕円体となり，その軸が光軸である．

z 方向と角度 θ をなす一般的な方向からの入射光に対する屈折率は，光の進行方向に垂直な断面で与えられる．図 3.5 のように，断面は楕円で与えられ，楕円の短軸の長さは入射角 θ によらず n_o である．一方，長軸の長さは θ に依存し，z 軸を含む直線偏光の屈折率 $n_e(\theta)$ は

$$n_e(\theta)=\frac{n_e n_o}{(n_o{}^2\sin^2\theta+n_e{}^2\cos^2\theta)^{1/2}} \tag{3.11}$$

で与えられる．$n_e(0^\circ)=n_o$，$n_e(90^\circ)=n_e$ である．n_o のように，屈折率が入射方向に依存しない偏光を正常光，$n_e(\theta)$ のように，屈折率が入射方向に依存する偏光を異常光という．

一方，光軸が２つある場合も考えられ，光学的二軸性という．この場合，主屈折率は３つあり，屈折率楕円体は回転楕円体ではなく，z 軸に垂直な断面は楕円である．たとえば，図 2.5(c) を見てみると，z 方向（層法線方向），分子の傾き面と垂直な方向，それらと垂直な方向に偏光した光に対する屈折率はいずれも異なることが理解できるであろう．分子が層法線から傾いたスメクティック相はこのように光学的二軸性である．二軸性ネマティック相はライオトロピック系で見出されているが，サーモトロピック系では明確に観察されてはおらず，現在でも探索が続けられている．

3.3.3 その他の異方性

その他，様々な物理量に異方性がある．たとえば，物質拡散（自己拡散，他分子の拡散）は相に大きく依存する．ネマティック相ではダイレクター方向の拡散定数がその垂直方向に対して大きいが，SmB相のような高次の（結晶に近い）スメクティック相では層内の（ダイレクターに垂直方向の）拡散定数が層間の（ダイレクター方向の）拡散定数に比べてはるかに大きく，異方性は数百倍にも及ぶ．SmA相では異方性は物質に依存し，層に沿った拡散定数の方が層間方向の拡散定数より大きい場合も小さい場合も存在し，SmA相温度内で，これらの拡散定数の大きさが逆転する場合もある．層構造がはっきりするほど，層間の物質移動に対するポテンシャル障壁が高くなる．

一方で，熱拡散は層構造があろうがなかろうが，ダイレクター方向の拡散定数が大きい．コア部分の速い熱拡散の寄与が大きく，層構造は熱の移動に対しては大きな障壁とはならない．異方性はせいぜい2倍程度である．

液晶における電気伝導も重要な研究テーマの1つである．イオン電導，電子（正孔）電導いずれも考慮する必要があるが，有機トランジスタ，有機エレクトロルミネッセンス（有機EL，OLED（Organic Light Emitting Diode）），有機太陽電池など，いわゆる液晶性有機半導体への応用を考える際には電子（正孔）電導が特に重要である．一般に結晶と比較して，高分子のようなアモルファス物質での移動度ははるかに小さい．当然，長距離の配向秩序を持った液晶には結晶に近い移動度が期待され，活発に研究が行われた．電導はπ電子系間のホッピングによって行われるため，棒状分子ではスメクティック層内の2次元電導であり，ディスコティックカラムナー相ではカラム方向への1次元電導が基本であり，大きな異方性がある．イオン電導においても大きな伝導率の異方性が観測されている．

3.4　外場による配向変化　—フレデリックス転移—

第5章で詳述するように，液晶ディスプレイは小さな液晶シャッターの集まりでできている．この液晶シャッターは誘電異方性を持つ液晶に電界を印加してダイレクターを変形（再配列）させ，それを液晶の光学異方性を用いて光透過率のオン／オフに利用することによって機能している．電界印加をやめたとき，元の状態に戻る必要があるので，弾性復元力が必要であり，界面によって元の配向が記憶されている必要がある．まさに，3.2 節，3.3 節で述べた液晶の物理的な性質が総動員されている．本節ではディスプレイの基本原理である外場（特に電界）による配向変化について述べる．

本論に入る前に界面での液晶の配向について定義しておく．液晶と界面の科学については 4.1 節で，実際の配向制御法については 5.2.2 項で詳しく述べるが，ここでは2枚の平行平板にはさまれた2つの典型的な液晶配向を図 3.6 に示しておく．それぞれ，水平配向，垂直配向と呼ぶ．以下では界面の液晶分子は界面に強く束縛さ

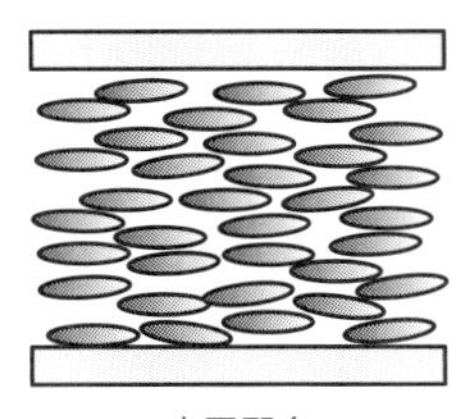

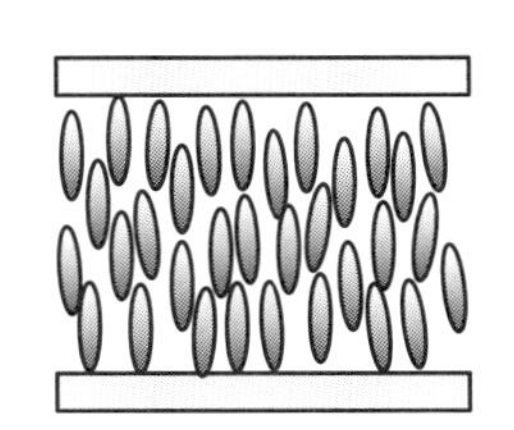

図 3.6　典型的な液晶配向

れていて，外場を印加してもその配向に影響を受けないとする．

すべての液晶は正の磁気異方性をもち，磁界印加によって棒状液晶分子は磁界方向を向こうとする．一方，電界の場合は誘電異方性が正の材料と負の材料があり，それによって分子は電界と平行，あるいは垂直に配列する．この複雑さを避けるため，まずは外場として磁界を考える．図3.7に示すように，3つの独立な配置を考える必要がある．それぞれの配置の下に変形の初期状態を示す．図から明らかなように，セル中心部で，配置（a）ではスプレイ変形が，配置（b）ではツイスト変形が，配置（c）ではベンド変形が生じている．配置（b）では変形が大きくなっても純粋ツイスト変形であるが，配置（a），（c）ではそれぞれベンド，スプレイ変形も誘起される．

変形は外場ゼロから連続的に起こるのではなく，ある臨界磁界 B_c 以下では変形はまったく起こらず，$B=B_c$ で変形が始まる．このような配向変化をフレデリックス転移と言う．この臨界磁界は弾性エネルギー（3.3），および，液晶と磁界との相互作用エネルギー

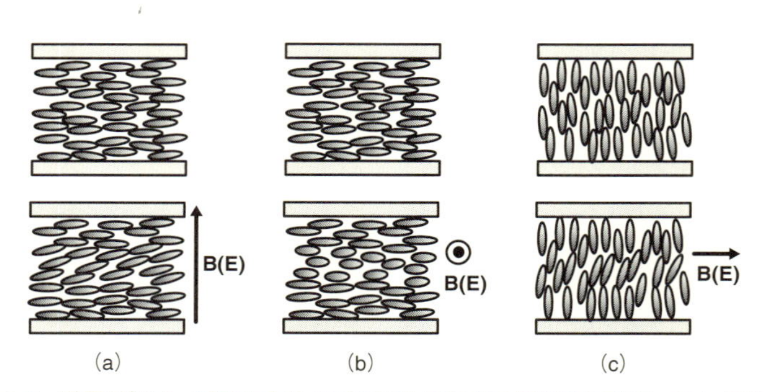

図3.7　磁界印加時，誘電異方性が正の液晶に対する電界印加時に，フレデリックス転移を測定するための3つのジオメトリー

(3.6) の和を，強い界面束縛の条件下で極小にすることによって求められ，

$$\frac{1}{\mu_0}\Delta\chi B_c{}^2 d^2 = K_{ii}\pi^2 \tag{3.12}$$

と表される．セル厚 d と磁気異方性 $\Delta\chi$ がわかっていれば，配置 (a)，(b)，(c) での臨界磁界から，それぞれ弾性定数 K_{11}，K_{22}，K_{33} を求めることができる．臨界磁界は電気的，あるいは光学的に求めることが多い．配向変化が生じたとき，電気的には電気容量を，光学的には透過率の変化として臨界磁界をとらえることができる．また，磁界を大きくし，変形が大きくなると，配置 (a)，(c) ではそれぞれ K_{33}，K_{11} の寄与が入ってくるので，電気容量，あるいは透過率の全体の変化を理論式にフィッティングすることによって K_{33}，K_{11} の両方を決定できる．

電界印加の場合，誘電異方性が正の場合はダイレクターは磁界と同様，電界の方向を向こうとするので，$\mu_0{}^{-1}\Delta\chi$ を $\varepsilon_0\Delta\varepsilon$ に，B_c を E_c に置き換えればよい．ただし，配置 (a) の場合には，臨界電圧 V_c ($=E_c d$) を用いると

$$\varepsilon_0\Delta\varepsilon V_c{}^2 = K_{ii}\pi^2 \tag{3.13}$$

と，セル厚に依存しない式が得られる．ただし，配置 (b)，(c) の場合には式(3.12) と同様な d を含んだ式を用いる必要がある．このように図 3.7 の配置 (a)，(b)，(c) での臨界電圧から，それぞれ弾性定数 K_{11}，K_{22}，K_{33} を求めることができる．ただし，大きな電界までの挙動のフィッティングにより，d を必要としない配置 (a) で K_{11}，K_{33} の両方を決定する方法が通常用いられる．

誘電異方性が負の場合は異なった配置 (図 3.8) が必要である．ダイレクターは電界と垂直になろうとするので，図 3.8(a) の配置

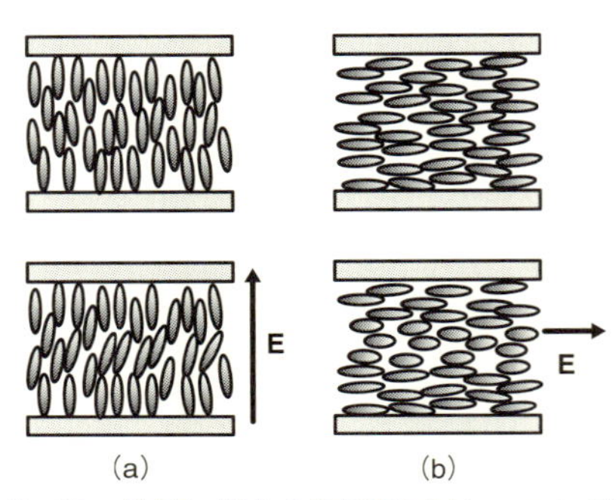

図 3.8　誘電異方性が負の液晶に対する電界印加時に，フレデリックス転移を測定するための２つのジオメトリー

では臨界電圧から K_{33} を，さらに大きな電界までの挙動のフィッティングからさらに K_{11} を決定する．配置（b）では，初期変形でツイスト変形が生じる図になっているが，実際にはスプレイ変形も誘起される．しかし，$K_{22}<K_{11}$ なので臨界電界としては K_{22} が求められる．ツイスト変形をさらに優先的に起こすには電界の方向をダイレクターの方向から面内でわずかにずらしてやればよい．このように誘電異方性が正の場合には図 3.7(b) の配置ではスプレイ変形のみであるのに対して，誘電異方性が負の場合には図 3.8(b) の場合であっても電界方向が少し上（下）向きにずれている場合は，スプレイ変形の寄与に注意を払う必要がある．

3.5　フレクソエレクトリック効果

液晶ならではとも言うべき物理現象を紹介しよう．位置の秩序のある結晶では，格子をひずませることによって分極が発生するピエゾエレクトリック（圧電）効果が知られている．位置の秩序のない液晶では，次節で述べる強誘電性液晶以外では圧電効果は期待できないが，ネマティック液晶ではこれに対応するフレクソエレクトリック効果が知られている．結晶でも特殊な場合に観測されるが，液晶の配向変形に伴って分極が誘起される現象である．

図 3.9 を用いて説明しよう．分子長軸方向に沿った双極子を持つ洋ナシ形分子と分子短軸方向に沿った双極子を持つバナナ形分子が主役である．洋ナシ形分子を垂直配向セルに導入すると，一軸配向では分子の頭尾の区別はなく配列するので，図 3.9(a) のように，双極子は打ち消しあって巨視的な分極 **P** は発生しない．一方，バナナ形分子の水平配向セルの場合にも図 3.9(b) のように分極は発

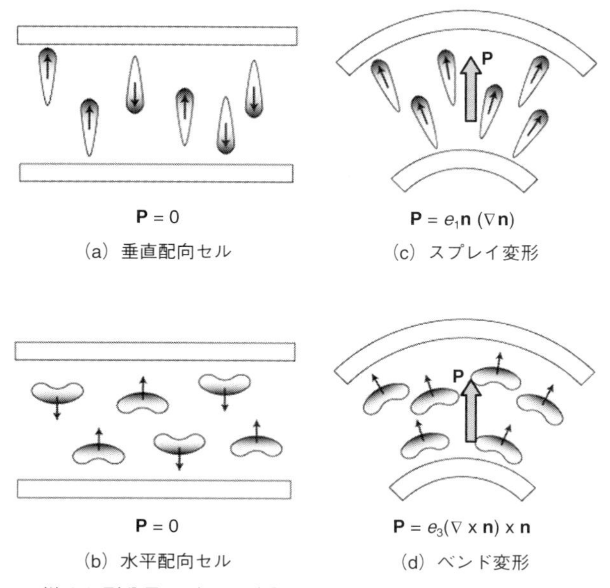

図 3.9 洋ナシ形分子，バナナ形分子のフレクソエレクトリック効果の説明

生しない．垂直配向セルにスプレイ変形を与えると，図3.9(c) のように分極に偏りができる．一方，水平配向セルにベンド変形を与えると図3.9(d) のように分極が発生する．このような曲げたセルで分極が発生するのは，特殊な形状の分子が空間をなるべく密に埋めようとするからである．もちろん，図は誇張して描いてあり，いずれの場合にも双極子すべてが揃うわけではなく，わずかに分極のバランスが崩れる程度であり，その絶対値は数pC/m程度である．しかし，電界による分子の配向変化を用いる液晶ディスプレイのある種のモードでは，大きな変形によって発生したフレクソエレクトリック分極が，配向に思わぬ効果を及ぼしたりするので，きちんと考慮しておく必要がある．さらに，フレクソエレクトリック効果を用いたディスプレイも提案されている．

発生する分極値を与える式は図3.9(c)，(d)に記載したが，分極の大きさがピエゾエレクトリックの場合のような格子位置の歪によるのではなく，変形に比例するものであることを注意しておく．図3.9(c)，(d) の分極 **P** がそれぞれ，3.2節の式(3.3) の直上に示した3つの変形のうち，スプレイ変形，ベンド変形の大きさに比例している．フレクソエレクトリック係数 e_1，e_3 を求めるには様々な方法が提案され，用いられているが，それぞれ一長一短がある．また，e_1 の寄与と e_3 の寄与の和や差として求まることも多く，e_1 と e_3 の両方を独立に求めるのは容易ではない．

3.6　液晶の強誘電性

ネマティック液晶では一軸配向した分子は頭尾の区別はないので，分子長軸方向の双極子はキャンセルされて，分極はゼロである．また，分子短軸方向の双極子は分子の自由回転のため，平均として分極は発生しない．もちろん，図 3.9(c) や (d) のように分極を発生させることはできる．しかしながら，スプレイやベンド配向で欠陥を発生させずに空間全体を覆うことはできない．このように，少なくとも低分子ネマティック相では分極を持った液晶相は発見されていない．ポリペプチドのような剛直な高分子では，分子長軸方向の分極の向きを自発的に揃えて配向するという報告がある．しかし，高い粘性のために分極反転の明確な実験が難しく，十分に認められるには至っていない．

それでは，液晶に強誘電性を付与することはできないのであろうか．物質が強誘電体であるためには，電界ゼロで分極を持ち，分極と逆方向の電界の印加で分極を反転させることができる必要がある．これまでに確認されている強誘電性液晶を図 3.10 にまとめておく．それぞれ分極の揃った状態を示す．上段の 2 つは棒状（屈曲形含む）の，下段の 2 つは円板状（円錐状含む）分子の系である．また，左の 2 つはキラル分子，右の 2 つは非キラル分子の系である．以下にこれらについて説明する．

強誘電性の条件を最初に満足させた液晶は，キラルスメクティック C 相である．なぜ傾いていなければならないのか，なぜキラルでなければならないのかを説明しよう．図 3.11 のように非キラルな分子とキラルな分子を釘とねじでモデル化して考える．(a) 非キラルな系では，x 軸の周りの 2 回回転，yz 面の鏡映，原点に対する反転操作に関して対称である．しかし，(b) キラルな系では，x 軸の周りの 2 回回転に対しては対称であるが，yz 面の鏡映，原点に対する反転操作に対してはキラリティが変化する，すなわち，右ねじが左ねじになってしまうので対称操作ではない．したがって，もし，分子が x 方向の双極子を持っていれば，(a) では逆方向の双極子も存在し，系全体として分極を持たない．しかし，(b) で

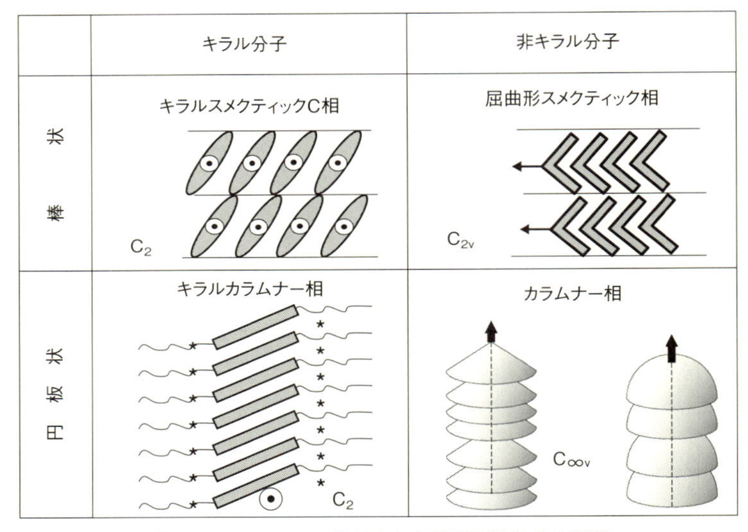

図 3.10　これまでに発見された強誘電性液晶の種類

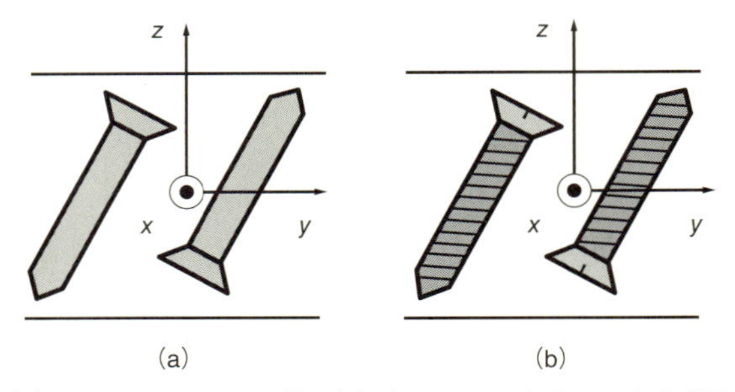

図 3.11　(a) スメクティック C 相，(b) キラルスメクティック C 相の対称性の違い

は yz 面の鏡映対称性はないので，x 方向の分極は残る可能性がある．このような系がキラルスメクティック C 相で，キラリティの

ために，傾きの方位角が層から層へと変化する図 2.13 のような分子配列構造をとる．この構造は実は図 3.9(d) のベンド変形が基本になっている．ただし，ベンド変形だけでは空間を満たすことはできないので，ツイスト変形を導入しこの問題を解消している．

この構造は図 2.13 や図 3.11 に示すように，傾き面に垂直に分極を持つため，各層は分極を持つが，分極は層から層へらせんを描き，巨視的な分極は消滅する．したがって，系が有限な分極を持つためには，どうにかしてらせんをなくす必要がある．強誘電性液晶デバイスへの応用のためにも有効な方法が界面の束縛力を用いる方法である．液晶セルの厚さを薄くしてゆくと，分子は界面に平行になろうとするため，らせんピッチと同等以下の厚さでらせんが消滅し，層に対して分子が右に傾いた領域と左に傾いた領域のみができる（双安定状態）．傾く向きと分極の向きは対称性と分子構造によって決まっているので，もし右に傾いた領域が上向き分極を持つとすると，左に傾いた領域は下向き分極を持つ．これに上（下）向きの電界をかければ，セル前面が右（左）に傾いた領域となる．電界を遮断してもこの分極はそのまま残り，また，下（上）向きの電界をかければ，分極が反転し，分子の傾き方向も右（左）から左（右）に変化する．このように，強誘電性の 2 つの条件（残留分極と分極反転）を満たしている．電界の反転によって分子（すなわち光軸）の方向が変わるので，ディスプレイとしての応用が可能である．ネマティックのような誘電異方性による応答と比較して，キラルスメクティック C 相では分極が直接電界で反転するので非常に高速な応答が達成できる．このような利点を生かしたディスプレイが商品化されたが，様々な問題もあり，現在はカメラのファインダーのような小さなディスプレイへの応用にとどまっている．

次に発見された例が，キラルスメクティック C 相の円板状分子タイプのものである．円板は通常のカラムナー相（図2.7(b)）とは異なり，円板面法線がカラム軸から傾いており，柔軟部側鎖に不斉炭素を持っている．傾き面に垂直に分極を有し，分極と逆方向への電界印加によって分極は反転する．このときに傾きの反転も伴うのはキラルスメクティックC相と同様である．また，電界を遮断するとカラム軸に沿って円板面法線と分極がらせんを描き，巨視的な分極が消滅するのもキラルスメクティックC相と同様である．

非キラル分子で初めて強誘電性が確認されたのはわずか四半世紀前である．屈曲形分子の特異な性質については第2章のコラム4で触れた．図3.10右上に示したように，屈曲形ゆえに分子の自由回転が抑えられ，層内の分極が揃う．隣り合う層で分極の向きが同じであれば，強誘電性である．

非キラル分子の作るカラムナー相で強誘電性が発見されたのはさらに新しく，2012年のことである．分子形状を円板から傘状にすることによって，分子が図3.10右下のように積み重なれば，分極を揃えることができるという考えは古くからあり，様々な分子が合成され調査された．しかし，分極は揃うものの分極反転ができなかったり，分極の反転は起こせるが，電界を遮断すると分極が緩和してしまったりした．この状態では1本のカラムの中で上向きと下向きが混在したり，上向き分極を持つカラムと下向き分極を持つカラムが混在したりしている．このように，強誘電性としての2つの条件を満たすことができなかった．2012年に発見された系では分子間の相互作用を最適化し，電界印加によって分極が揃い，電界反転で分極が反転し，電界を遮断しても分極はそのまま保持された．1本のカラムごとの分極の制御はまだできていないが，原理的には可能である．

分極の方向が層ごとに入れ替わる反強誘電性液晶は図3.10の上

の2つの分子系で見出されている．反強誘電性と言われるためには電界印加によって強誘電性に変化する必要がある．実際にこのような特性が確認されている．反強誘電性液晶での分極構造の周期は2層であるが，周期が3層，4層などのいわゆるフェリ誘電性液晶も発見されている．液晶のような流動性のある系で，分極が揃ったり，ある周期で変化したりする構造が構築されるのは非常に興味深い．

3.7 相転移の理論的取扱い

この章の最後に，液晶の相転移に関するいくつかの理論的取扱いについて簡単に述べておく．基本的にはすべての分子間のあらゆる相互作用をその温度依存性も含めて考慮すれば，相転移は説明できるはずである．3.1節で概略を説明したように，相互作用の基本はファン・デア・ワールス相互作用と斥力相互作用である．しかしながら，ある特定の構造を持つ分子間のこのような相互作用を定式化することができたとしても，系に含まれるすべての分子にわたってこのような相互作用を取り込んで議論することは非常に難しい．このような分子論の問題点を平均化によって解決しようとするのが平均場理論である．

ある分子が感じるすべての相互作用を，その分子が次のようなポテンシャル（平均場ポテンシャル）の場の中にあると考える．

$$V(\cos\theta) = -a\langle P_2(\cos\theta)\rangle P_2(\cos\theta) \tag{3.14}$$

P_2は式(3.1) ですでに定義した．aは分子間相互作用の強さを表すので，相互作用が大きいほどポテンシャルは低く，系は安定になる．また，$\langle P_2\rangle$ やP_2が大きいほど，系が安定になるのは次のように解釈できる．3.1 節で述べたように，$\langle P_2 \rangle$ は配向の良さ（秩序度）を表すので配向がよいほど，また，P_2 の式の形から，θ が $0°$ か $180°$，すなわち，分子がダイレクターと平行に近いほど系は安定になる．分子の配向分布関数にボルツマン分布を用い，式(3.14)の熱力学平均を行うと，秩序度 $S\,(=\langle P_2 \rangle)$ は次のような式で与えられる．

$$S = \frac{\displaystyle\int_0^1 P_2(\cos\theta)\exp\left\{\frac{aSP_2(\cos\theta)}{kT}\right\}\mathrm{d}(\cos\theta)}{\displaystyle\int_0^1 \exp\left\{\frac{aSP_2(\cos\theta)}{kT}\right\}\mathrm{d}(\cos\theta)} \tag{3.15}$$

この積分方程式を数値的に解けば，昇温によって有限の S を持つネマティック相から $S=0$ の等方相へ一次転移を起こすことが導き出される．また，降温過程では転移点は低温側にずれるという一次転移特有の過冷却の現象も再現される．平均場近似によって求められた相転移に伴う S の温度変化の概略を図 3.12 に示す．

相互作用の形をまったく考えず様々な相転移を考えるためにランダウが導入した現象論も便利である．ドゥ・ジャンが初めて液晶の相転移に応用したため，ランダウ―ドゥ・ジャン理論とも呼ばれる．現象論では自由エネルギー F を秩序パラメーターで展開する．

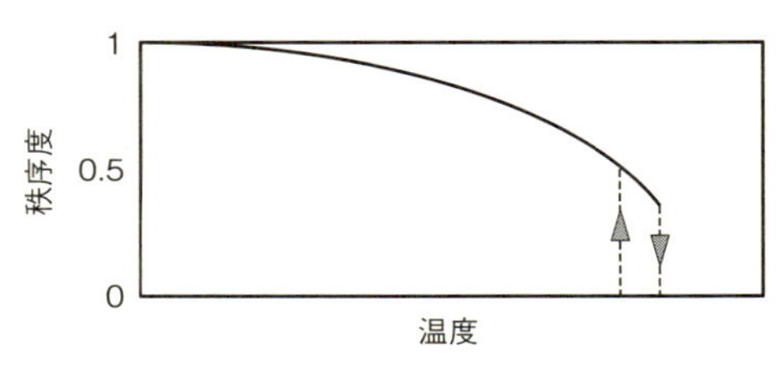

図 3.12　平均場近似で求められる等方相―ネマティック相転移における秩序度の温度変化挙動

すなわち，等方相—ネマティック相転移では秩序度S，ネマティック—スメクティック相転移では層の秩序度，常誘電性—強誘電性相転移では分極Pで自由エネルギーを展開すればよい．たとえば等方相—ネマティック相転移ではFは

$$F=\frac{1}{2}AS^2-BS^3+CS^4 \tag{3.16}$$

と表される．ここでB，Cは正の定数，Aは

$$A=a(T-T^*) \tag{3.17}$$

のように温度に依存すると考える．T^*は相転移温度で，$T>T^*$であれば，$S=0$でFは最小，すなわち等方相が得られる．一方，$T<T^*$では有限のSでFは最小，すなわちネマティック相が得られる．詳細は課題として残しておくが，秩序度に対する自由エネルギーの温度変化を図3.13に示しておく．高温で$S=0$にFの極小

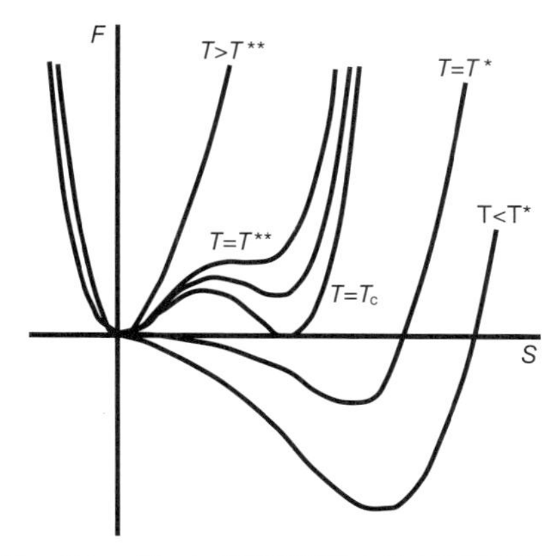

図3.13 ランダウ—ドゥ・ジャンの現象論による1次相転移挙動．自由エネルギーと秩序度の関係

があり，等方相を表す．降温してゆくと，$T = T^{**}$で新たな極小が現れ，F が同じ極小値をとる $T = T_c$ が転移点である．その後，T

コラム5

液晶膜，液晶ファイバー

液晶は流動性があるけれど，シャボン玉のような膜になったり，ファイバー状になったりする．もちろんどんな液晶でもこのようにできるわけではない．たとえば，層構造を持つスメクティック相はまず間違いなく液晶膜を作ることができる．ガラスや金属で穴の開いた枠を作り，その片側に液晶滴を置き，ガラス板などで枠の上に伸ばしてやれば，膜面に平行なスメクティック層を有する膜を容易に作ることができる．単分子膜を形成することも可能である．空気界面との境界の影響で膜の内部と境界近くとで若干転移点がずれることがある．また，スメクティックC相などの場合は内部と境界近くで傾き角が異なることもある．また，スメクティック相間の転移に際して，構造を安定化させるための競合する相互作用によってLabyrinthと呼ばれる複雑な迷路のようなパターンを形成することもある．図（a）は屈曲形分子の膜で得られた一例である．層数の違いが色の違いになって現れ，その中に迷路のパターンが現れている．このようなパターンは第一種の超伝導体や磁性流体にも観察され，興味深い．

流動性物質のファイバー形成は非ニュートン液体のレオロジー現象として興味深いばかりではなく，クモの糸，高分子繊維，光学ファイバーの形成過程など，応用分野からも重要な物理を含んでいる．たとえば，水は水道の蛇口から水滴となって落ち，ファイバーを形成することはない．これはニュートン流体が，シリンダーの長さが直径のπ倍より少し大きくなると起こるRayleigh-Plateau不安定性により，ファイバーを形成することができないからである．液晶のような異方性流体はファイバー形成には特徴的な性質を持つ．たとえば，蚕が糸を形成するときにはライオトロピック液晶状態を経由することが知られている．とは言っても，低分子のサーモトロピック液晶のファイバー形成

$=T^*$で$S=0$の極小が消滅する．この温度が過冷却過程で等方相からネマティックへの転移の起こる温度である．また，T^{**}は昇温時

は容易ではない．ネマティックではもちろん無理だとして，通常のスメクティック相でもファイバーの安定性が若干よくなる程度である．十分な長さを持った液晶ファイバーは最初カラムナー相で見出され，最近では屈曲形分子が形成するいくつかの相で見出されている．その一例を図（b）に示す．

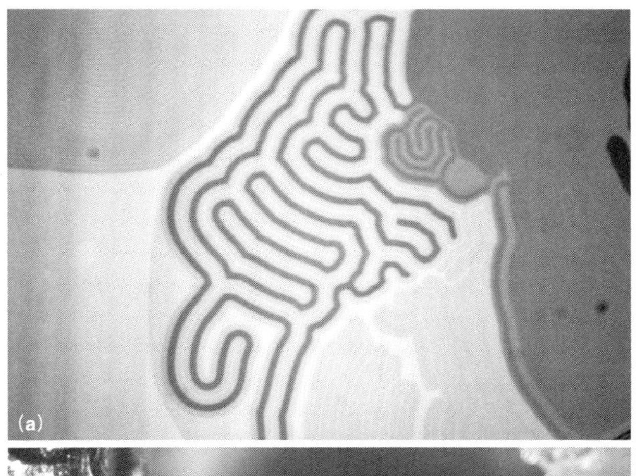

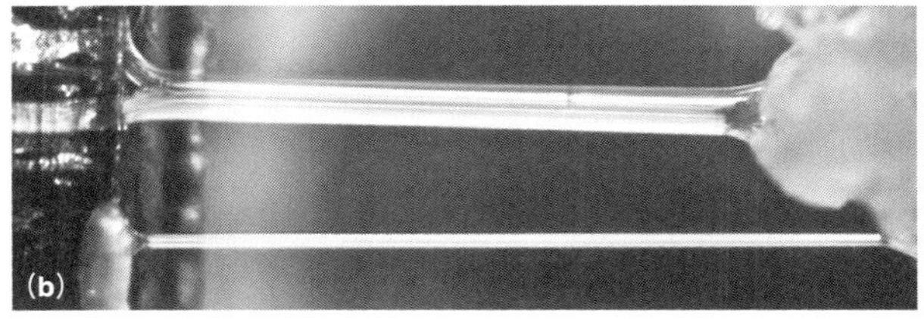

図　(a) 液晶膜と (b) 液晶ファイバーの一例．A. Eremin 博士撮影
→口絵2参照

のネマティック—等方相転移の起こる温度である．このように，一次転移では $T^* < T < T^{**}$ の温度領域で，等方相とネマティック相の2相共存領域が存在する．

演習問題

[1]　光学的二軸性液晶の屈折率楕円体を描き，2本の光軸を示せ．

[2]　式(3.16) の展開にどうして S の1次の項が含まれないのか，どうして S^3 の項は負でなければならないのか，どうして S^4 の項が必要で，それ以上の項が必要でないのか．

参考文献

竹添秀男，渡辺順次 著，『液晶・高分子入門』，裳華房（2004）
竹添秀男 著，『液晶のおはなし—その不思議な振舞いを知る—』日本規格協会（2008）

第4章

液晶と界面

液晶は配向の長距離秩序があり，たとえばネマティック相では，分子はその平均的な方向（ダイレクター方向）に沿って配列する．しかし，どちらを向くべきかの任意性は外場や界面によって規制する必要がある．外場のない場合は界面によって系全体の配向が規制されるので，液晶分子の界面との相互作用は非常に重要である．本章では液晶と界面の相互作用，様々な界面による欠陥構造について記述する．

4.1 界面における液晶

3.4節（図3.6）で，液晶の界面での配向には基本的には水平配向と垂直配向があることを述べた．具体的な配向処理法の記述に関しては5.2.2項に譲り，本節ではどのような理由で，どれほど強く液晶分子が界面に束縛されているかを説明することにする．

4.1.1 一軸水平配向の原因

清浄で平らな面に対して，棒状分子は界面に水平に並ぼうとする．これは3.1節で述べた排除体積効果で説明することができる．基板に対して分子が平行に寝た方が，垂直に立ったときより明らかに分子の重心が入り込めない排除体積を小さくすることができるからである．もちろん，棒状分子を縦に並べようとする細かな支柱（表面活性剤などの脂質単分子膜）が表面についていたり，極性の強い界面に分子長軸方向に強い極性基を持つ分子が乗ったりした場合など様々な例外もある．別な例外はコラム6にて述べる．

一軸性水平配向は2つの要因によって説明されることが多い．1つは表面形状効果であり，もう1つは異方的な静電相互作用である．5.2.2項で詳述するように，一軸性水平配向のためには，高分子を塗布した基板をこする（ラビング処理）のが一般的である．このときに表面に細かい溝ができたとする．棒状分子がこの溝を横切って垂直方向に並ぶと，明らかにベンド変形が生じ，溝に沿って並んだときと比較して，弾性エネルギーが ΔF だけ高くなる．

$$\Delta F = \frac{\pi^3 K_{33}}{2\lambda}\left(\frac{2a}{\lambda}\right)^2 \tag{4.1}$$

ここで，a は溝の振幅，λ は溝の幅（周期）である．

静電相互作用の効果も重要である．このことは基本的に界面に溝をつけない非接触配向処理（光配向処理：5.2.2項参照）によってもネマティック液晶の一軸配向は可能だからである．いずれにしても界面も一軸異方性を持っているので，液晶分子との電気的相互作用が異方的であることはもちろんである．このことが一軸水平配向の静電的な原因であるが，ここでは詳細は述べない．

4.1.2　界面張力と界面自由エネルギー

図4.1のように固体基板上に液滴が乗っている場合，固体／液体，固体／気体，液体／気体の3種類の界面がある．このうち，気体に対する界面を表面と呼ぶこともある．液体を構成する分子と分子の間には分子間力という引力が働いて凝集している．液体内部ではあらゆる方向から引力を受ける自由エネルギーの低い（安定な）

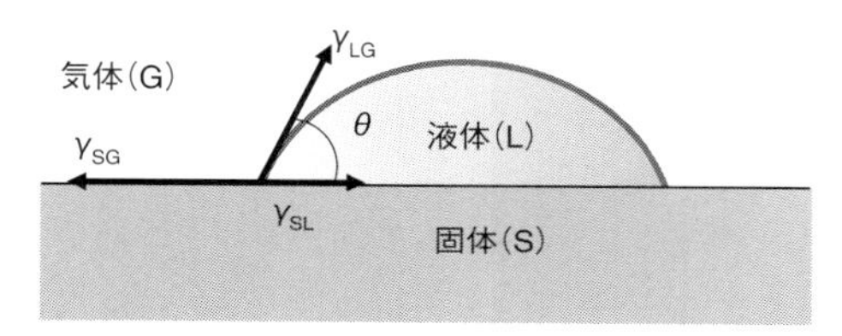

図 4.1 固体基板上の液滴にかかる界面（表面）張力のつり合い

状態にあるが，表面では気体側からの引力がほとんどないので高い自由エネルギーを持ち不安定な状態にある．このため，液体はできる限り表面積を小さくしようとする．これが界面（表面）張力である．コップからあふれそうな水面や葉の上の水滴など，自然界にもよく見られる現象である．

界面（表面）張力とは単位面積当たりの界面（表面）自由エネルギーである．図 4.1 で，3 つの界面（表面）張力の間には次のヤングの式が成り立つ．

$$\gamma_{SG} = \gamma_{LG} \cos\theta + \gamma_{SL} \tag{4.2}$$

ここで，γ_{SG} は固体に働く表面張力，γ_{LG} は液体に働く表面張力，γ_{SL} は固体と液体の界面に働く界面張力であり，角度 θ を接触角という．表面張力の大きい固体は濡れやすく，θ が小さくなり，逆に表面張力の小さい固体は濡れにくく，θ が大きくなる．一方，液体の表面張力からいうと，濡れをよくするためには液体の表面張力を小さくすればよい．水など表面張力の大きなものは濡れが悪いが，同じ表面でもたとえばヘキサンなど表面張力の小さなものは同じ界面を水よりもよく濡らすことになる．

界面活性剤やフッ素系樹脂などは界面自由エネルギーが小さい．フッ素加工したフライパンの上で水滴が水玉になるのは界面自由エネルギーを小さくして撥水性を高めた（濡れにくくした）のが原因である．界面活性剤を固体表面に吸着させたものはフッ素加工表面と同様，水などに対して濡れにくくするが，一方で，界面活性剤を含んだ水は界面活性剤が液体の表面張力を下げるため，濡れがよくなる．

液体の代わりに液晶を使った場合はどうだろうか．固体基板との界面では，4.1.1 項で述べたような排除体積効果や静電相互作用により，棒状液晶分子は基板に水平になろうとする．しかし，液晶滴を固体基板に落とすと，基板表面は水平配向でも，排除体積効果のない空気との界面では垂直配向になるのが一般的である．すなわち垂直配向の方が水平配向より表面エネルギーを下げることができることを意味する．それゆえ，表面エネルギー的には液晶は垂直配向を好むと言える．実際，フッ素系基板上での層を基板と平行にしたスメクティック相の配向（垂直配向）が非常に安定化されるという実験結果もある．また，ある界面と液晶の組み合わせでは温度変化に従って水平配向から垂直配向に変化する場合もある．複雑な現象であるが，表面張力が温度に依存する（温度が下がれば表面張力は大きくなる）ことも一因であろう．現象については次項のコラム 6 で紹介する．

4.1.3　アンカリングエネルギー

液晶分子と界面との相互作用エネルギーをアンカリングエネルギーという．分子を界面に束縛（アンカー，錨を下す）することに由来する用語である．界面自由エネルギーは次のように書ける．

$$\gamma = \frac{1}{2} A \sin^2\theta \tag{4.3}$$

ここで A はアンカリングエネルギー，また，θ は基板とダイレクターの間の角度（極角）である．水平配向に対して，A は正数で，$\theta=0$ で γ は極小となる．一方，垂直配向に関して，A は負数で，$\theta=90^\circ$ で γ は極小となる．これらが強アンカリング状態を表す．以上述べてきたアンカリングは極角アンカリングで，分子が界面から浮き上がろうとするとき，どれくらい強く界面に束縛されているかの目安を与える．水平配向している誘電異方性が正の液晶分子に対し，基板間に電界を印加したときに重要である．強アンカリングでは，界面分子はまったく界面から浮き上がらない．一方，界面に沿って面内電界を印加した場合，誘電異方性が正であれ負であれ，分子を面内で回転させようとする力が働く．このような力に対するアンカリングを方位角アンカリングという．

アンカリングエネルギーと直接関係する外挿長について触れておく．図 4.2 に示すように，強アンカリング条件では基板界面での変位はまったくないが，弱アンカリングでは外場が印加されたとき，液晶はあたかも基板間距離が $d+2d_e$ になったかのように変形する．

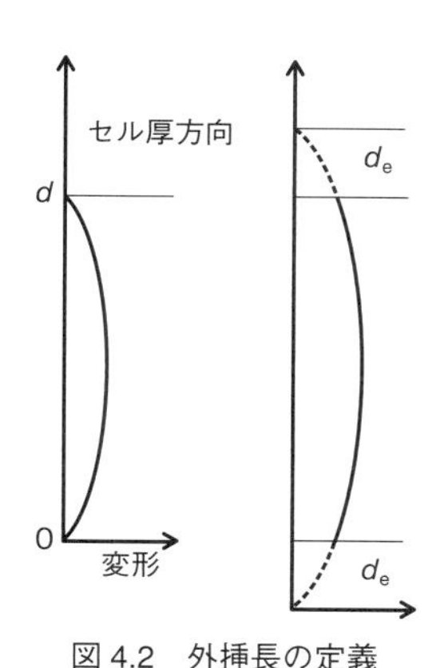

図 4.2　外挿長の定義

ここで d は実際の基板間距離，d_e を外挿長と呼ぶ．d_e は弾性定数とアンカリングエネルギー A の比

$$d_e = K/A \tag{4.4}$$

コラム6

アンカリング転移

様々な外部パラメータの変化によって界面の配向が変化することがある．このような現象をアンカリング転移という．最も驚くべきアンカリング転移が温度を変化させるだけで生じる水平配向と垂直配向の不連続な変化である．一次の相転移と同様，昇温時と降温時の転移温度に大きなヒステリシスがあり，この温度域では水平配向と垂直配向の共存が生じる．この変化の様子を複屈折の温度変化の概念図として示す．高温側の等方相では異方性がないので複屈折はゼロである．ネマティック相に入ると水平配向し，大きな複屈折を示す．ある温度で突然複屈折はゼロになる．これは，水平配向から垂直配向へのアンカリング転移が起こり，試料垂直方向から観測すると複屈折はゼロとなるからである．逆に温度を上昇させると，垂直配向から水平配向への逆のアンカリング転移が起こる．この温度は降温時の転移点より高温である．実際の測定ではこの温度幅は10℃近い．この温度域では水平配向と垂直配向はいずれも安定（双安定）である．したがっていったん温度を下げて垂直配向を実現させ，この双安定温度域まで昇温し（この状態では垂直配向のまま），レーザなどで局所的に加熱すると，垂直配向領域に水平配向領域を書き込むことができる．どうしてこのようなアンカリング転移が生じるかには議論がある．基板と液晶分子の様々な相互作用の温度依存性ももちろん重要であるが，基板表面にスメクティック層構造を形成して，液晶分子と表面エネルギーの低い基板との相互作用を小さくしようとする効果が働いていると思われる．実際，全反射X線回折実験によれば，ネマティック相全域にわたり，基板表面にスメクティック構造が形成され，温度を下げるにしたがって信号が大きくなってゆく，すなわち，スメクティック相が界面を覆ってゆく挙動が観察されている．最初は水平配向であったネマティック相も，スメクティック相が界面を覆うと表面は垂直

で与えられる．強アンカリングの場合 $A = \infty$ であるので，外挿長はゼロである．アンカリング強度が小さくなると界面でも変形が生じ，外挿長が有限の値をとる．弾性定数が大きいと，試料内部の変形が遠くまで伝わるために長い外挿長になる．このように，アンカ

配向になっているので，試料全体にわたって垂直配向が実現されるという考えが有力である．

一方で，基板表面にアゾ系の分子膜を形成し，光異性化を用いて，たとえばトランス状態では垂直配向，シス状態では水平配向と光誘起のアンカリング転移を起こさせることができる．このような表面をコマンドサーフェスと呼ぶことがある．表面の単分子層が命令（コマンド）を出すと，試料内部の液晶分子全体が配向を変化させる．異方的な物理量の測定用試料として，あるいは様々な応用の可能性から研究が進められている．

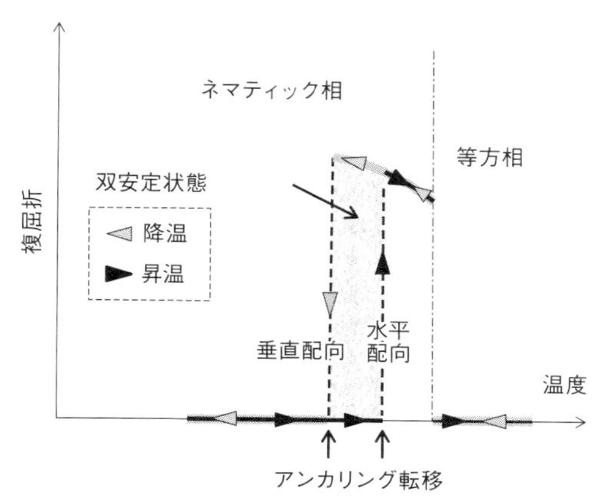

図　不連続アンカリング転移による複屈折の温度依存性の概念図．ハッチをかけた温度域に水平配向と垂直配向の双安定状態が生じる

リングエネルギーの決定は外挿長を測定することに帰する．アンカリングエネルギーの測定法は多数提案され，用いられているが，試料に配向変形を与えて外挿長を求めるのが一般的な方法である．詳細は専門書や原著論文を参照されたい．

4.2　液晶における欠陥構造

基板表面の配向処理によって一様な配向を形成することが液晶をディスプレイなどのデバイスに用いるときの基本である．したがって，様々な欠陥は応用を考えるときには邪魔者である．しかし，液晶ならではの欠陥が相の同定に重要な役割をしたり，興味ある物理現象を生み出したりする．本節では液晶における欠陥構造の基礎と，平板セル内，曲界面による欠陥構造を紹介する．

4.2.1　転位と転傾

位置の秩序（格子構造）を持つ結晶では，図 4.3 のように，並進操作によって位置の不連続性（ここでは一格子分）を導入し，欠陥構造を作り出すことができる．格子面を一枚挿入したと考えてもよい．このようにしてできる欠陥を転位（ディスロケーション）という．導入された格子のずれをバーガーズベクトルと呼び，欠陥の強さ（エネルギー）の尺度となる．図 4.3 に示したのは刃状転位と呼ばれ，バーガーズベクトルの方向と線欠陥の方向（今の場合は紙面に垂直）がお互いに垂直である．一方，これらの方向が平行ならせん転位と呼ばれる転位も存在する．格子がずれることによって，欠陥周りにらせん状に格子がつながったものである（図 4.10 参照）．

ネマティック液晶には位置の秩序がないので，転移は存在しない．しかし，配向の秩序があるので，回転操作によって方向の不連

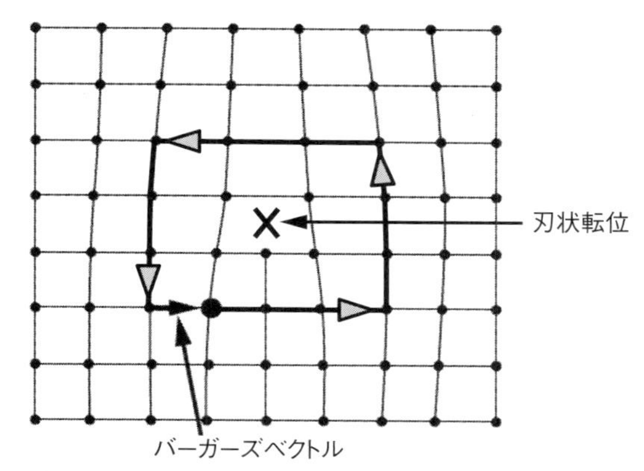

図 4.3　完全格子中への刃状転位の導入．欠陥の強度を示すバーガーズベクトルも定義する

続性を導入することによって，特徴的な欠陥，転傾（ディスクリネーション）が形成される．ネマティック液晶の転傾を説明する前に，転移と転傾の違いを明らかにし，まずは結晶における転傾を考えよう．図 4.4 に示すように，結晶に切れ目を入れ，両側を回転して押し開き，それを補うように結晶格子を挿入して紙面に垂直方向の線欠陥を形成することができる．これが転傾である．格子上に方向を持った舟を書き入れてある．1，2，3，4，5 と格子を辿ってゆくと，A 点に戻ってきたとき，舟の方向は$-\pi/2$だけ元の方向とずれていることがわかる．これが，転位のバーガーズベクトルに対応し，転傾の強度を表す量である．このように，転位が位置のずれを生じるのに対して，転傾は方向のずれを生じる．図 4.3 と図 4.4 を比較すると明らかなように，転位では格子の歪は欠陥線の周りのごく近傍のみで生じるが，転傾では歪は欠陥線周りに大きく広がっている．この理由で，結晶では特殊な例を除いて転傾は存在しない．

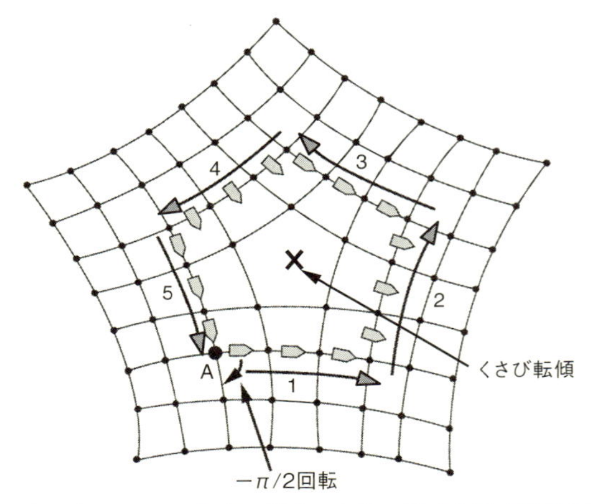

図 4.4　完全格子中へのくさび転傾の導入．欠陥の強度を示す回転の不連続点も明示する

4.2.2　ネマティック液晶における欠陥構造

前項の説明から，ネマティック液晶に転傾が現れることは想像できるだろう．基板表面を垂直，あるいは水平配向処理すると平板セル中では欠陥構造は現れない．ディスプレイに用いる液晶はこのようなものである．

もし，表面の配向処理をまったくしないとどうなるであろうか．4.1.1 項で述べたように，液晶分子はこのような表面上で基板面に水平に配向しようとする．しかし，配向方向は特定されていないのでさまざまな欠陥を生むことになる．ネマティック液晶には 2 種類の転傾（くさび転傾とねじれ転傾）があるが，よく観察されるくさび転傾は図 4.5 のようにまとめられる．中心の点が紙面垂直方向の欠陥線（転傾線）を表し，細い曲線はダイレクター場を表す．図

4.5(a) と (c) に書き入れた点線に沿って一周し，ダイレクター方向がどのように回転するか見てみよう．図 4.5(a) では，点線に沿って左回りに回転すると，ダイレクターは左回りに π だけ回転する．一方，図 4.5(c) では，点線に沿って左回りに回転すると，ダイレクターは右回りに 2π 回転する．ネマティック液晶の対称性を考えると π 回転対称性を持っているので，m を整数または半整数として，π の整数倍の回転 $\Omega = 2\pi m$ が可能である．図 4.5(a) と (c) の例ではそれぞれ $m = +1/2$，$m = -1$ である．ここで，点線に沿っての回転方向とダイレクターの回転方向が同じ場合，m は正，逆の場合，m は負と定義する．

これを図 4.5 の水平，鉛直の直交する偏光板を持つ偏光顕微鏡の

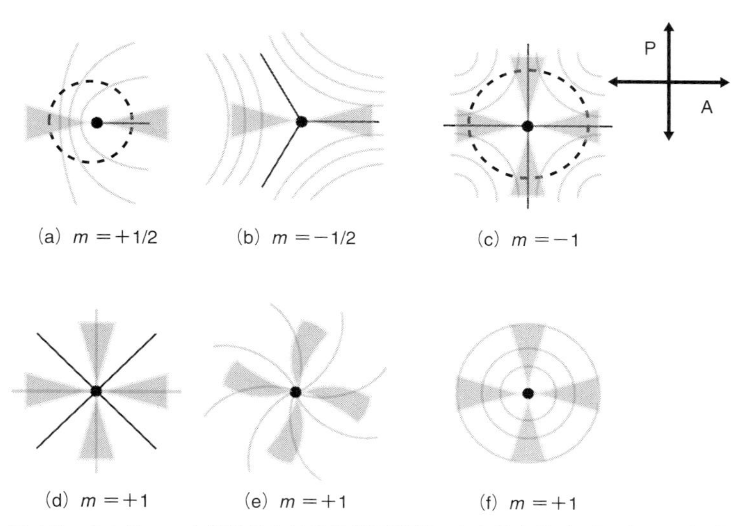

図 4.5　ネマティック液晶における転傾の種類．直交偏光板（P と A）下で観察したときに見られる黒い帯を灰色の領域で示す．点線の円はテキスト参照

下で見たとき，図の灰色のところが暗く見える．図に示したように，$m=\pm 1/2$ の転傾は2本の黒い帯，$m=\pm 1$ の転傾は4本の黒い帯となって現れる．したがって，欠陥から伸びる帯の数から m が整数であるか半整数であるかはすぐ識別できる．また，直交偏光子を固定し，試料ステージを1回転すると，帯は $(m-1)$ 回転する．すなわち，π 回転 $(m=+1/2)$，3π 回転 $(m=-1/2)$，回転せず $(m=+1)$，4π 回転 $(m=-1)$ となる．このようにして，欠陥の種類を決定することができる．実際の欠陥の顕微鏡写真を図4.6に示す．このような組織をシュリーレン組織と呼ぶ．シュリーレン組織を詳細に観察すると，異符号の同強度の転傾が対になって存在することがわかる．これらの間には正負の電荷が引き合うように引力が働き，電子とホールが再結合するように，対欠陥は時間とともに消滅してゆく．

図4.6に示すように，シュリーレン組織には通常，強度1の欠陥と強度1/2の欠陥が観察される．転傾のエネルギーは，転傾の芯の

図4.6　シュリーレン組織の偏光顕微鏡像

半径を a，隣の転傾線との距離を $2R$ として，

$$W = \pi K m^2 \ln\frac{R}{a} \tag{4.5}$$

と表される．W は m^2 に比例するので，最低の強度を持つ $m = \pm 1/2$ の欠陥のみが観察されると思われるかもしれないが，図 4.6 に示すように多くの $m = \pm 1$ 欠陥も観察される．通常の顕微鏡を覗いているだけではわからないが，実は $m = \pm 1/2$ 欠陥は線欠陥であるが，$m = \pm 1$ 欠陥は点欠陥である．たとえば，$m = +1$ の欠陥を考えると，欠陥線周りに放射状にダイレクターが配向しているよりも，ダイレクターが欠陥近傍で上面，あるいは下面に逃げ，表面点欠陥となった方が，欠陥芯のエネルギーが線から点に変化する分，大幅に欠陥のエネルギーが下がる．一方，$m = \pm 1/2$ 欠陥は構造上，このような変化（逃げ）は不可能なので線欠陥として存在し，エネルギー的に同等となった $m = \pm 1$ 欠陥と共存する．

もう 1 つのねじれ転傾は典型的には上下界面でダイレクターが 90° ねじれたセルで見られる．90° であれば，右ねじれと左ねじれ

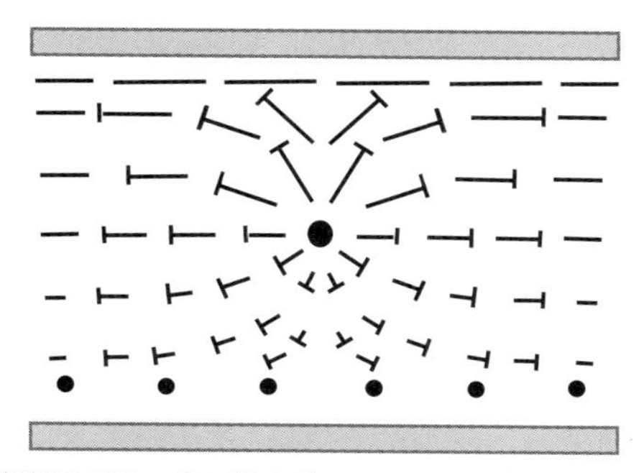

図 4.7　ねじれ転傾の構造．釘の頭はダイレクターが手前方向に浮き上がっていることを示す

は共存し，その境界には，図 4.7 のように，界面と平行でセルの中央に欠陥線が生じる．これがねじれ転傾である．

4.2.3　周期構造を持った液晶における欠陥構造

2.2 節，2.4 節で述べたように周期構造を持った液晶には様々な種類があるが，ミクロンオーダーの周期のらせんという周期構造を持つコレステリック（キラルネマティック）相と，数ナノメートルオーダーの層という周期構造を持つスメクティック相に現れる欠陥構造に関して簡単に紹介する．

スメクティック液晶の層間隔を変えるには大きなエネルギーを必要とするが，層を曲げることは小さなエネルギーでできる．層間隔一定の下での層の変形を可能にするのは，デュパンのサイクライドと呼ばれる曲面を用いたときのみであることが知られている．このような曲面の焦線（一般に楕円や双曲線）がフォーカルコニックス（焦円錐曲線）となることから，層を曲げることによってできる欠陥をフォーカルコニックスと呼ぶ．一例を図 4.8 に示す．有限なサイズの容器の中で，フォーカルコニックスが空間を埋め尽くすには様々な制約があり，その構造は古くから研究が行われている．ここで詳細を議論することは本書のレベルを超えているので，専門書を参照されたい．実験的には扇状組織，ダイヤモンド欠陥など様々な組織を偏光顕微鏡で観察することができる．特に，ミクロンオーダーのらせん周期を持つキラルスメクティック相では半周期に対応する縞模様が現れ，層の曲面を想像することができる．

スメクティック相でもネマティック相のようなシュリーレン組織を観察することができる．垂直配向処理したセルにスメクティック C 液晶を導入したサンプルを考えよう．層は基板に平行になるように形成されるので，セル上面から観察すると，スメクティック A

図 4.8　フォーカルコニックス欠陥の偏光顕微鏡像

相のときと異なり，分子が層法線に対して傾いたスメクティック C 相では複屈折が観測される．ダイレクターの層面への射影成分があるからである．この射影成分を c–ダイレクターと呼ぶ．このために，c–ダイレクターがネマティックのダイレクター同様，シュリーレン組織を呈することになる．ただし，スメクティック C 相のシュリーレン組織はネマティック相のシュリーレン組織とは明らかに異なる．これを図 4.9 で説明しよう．ダイレクターとは違って，c–ダイレクターには向きがあるので，これを矢印で表示する．右矢印は分子が右に傾き，左矢印は分子が左に傾いていることを表すと考えればよい．矢印が逆を向いた境界（図では実線で表示）は分子が逆向きに傾いた境界なので連続的にはつながらず，欠陥面となる．したがって，$m=\pm 1/2$ では欠陥面が生じるが，$m=\pm 1$ ではネマティック相同様，欠陥線となる．このような理由で，スメクティック C 相では欠陥面を持つためにエネルギーの高い $m=\pm 1/2$ の欠陥は現れず，4 本の帯を持つ $m=\pm 1$ 欠陥線のみが現れる．

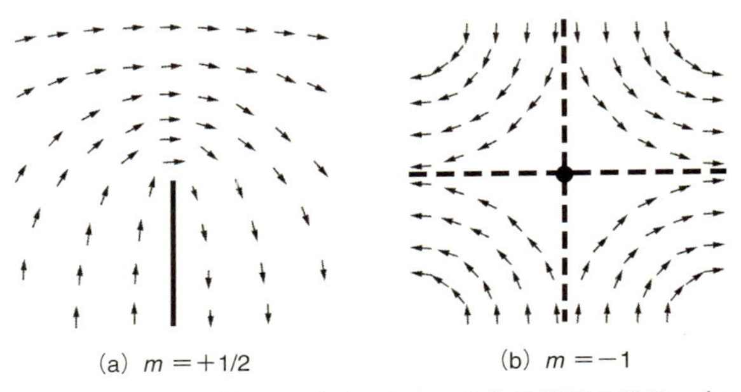

図4.9　スメクティックC相のc-ダイレクターの作る転傾の構造．太い実線は欠陥面，黒丸は欠陥線（いずれも紙面垂直方向に延びる）を示す

コレステリック（キラルネマティック）液晶は疑似層構造を持つので，スメクティック液晶同様フォーカルコニックス欠陥が観察されることがあり，これによってスメクティックと誤って同定されることがあるので注意が必要である．コレステリック液晶の最も特徴的で典型的な欠陥は指紋状組織である．コレステリック液晶を垂直配向セルに導入すると，自発的ならせん構造形成能のために，らせん軸を基板に平行にしたまま疑似層構造を形成する．これが面内で変形し，疑似層が図4.6の $m=\pm1/2$ 欠陥のような構造を形成する．らせんが原因となる周期的な縞模様が曲がりくねり，あたかも指紋のようなパターンを呈する．

コレステリック液晶を水平配向処理した基板で挟むと，基板法線方向にらせん軸を持つらせん構造が形成される．2.4節で述べたように，らせん周期が可視光域にあると選択反射による反射光を観察することができる．両界面で分子が同一方向に強く束縛されている（強アンカリング）場合，セル内には半周期の整数倍のらせんしか存在しえない．したがって，もし上下基板が平行でない場合には，徐々に周期が変化し，半周期分だけ不連続に変化する．この欠陥はグランジャーン・カノー線として観察される．

最後に，液晶特有，さらに言えば，スメクティック C_A 液晶のみで観察されている欠陥構造，捩位（ディスピレーション）を紹介しよう．捩位とは図 4.10 に示すような，転傾と転位との融合欠陥で

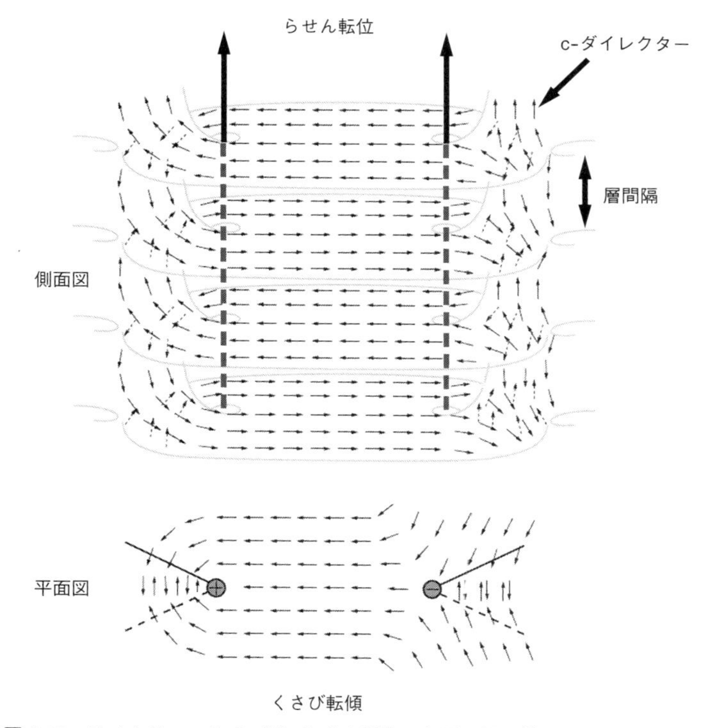

図 4.10　スメクティック C_A 相における捩位．上図は層を横から見たもの，下図は層法線方向から見た c-ダイレクターマップ

ある．層法線方向への位置のずれにより相がらせん状につながったらせん転位が形成されている．層面に小さな矢印で c–ダイレクターを示したように，スメクティック C_A 相では分子の傾きが一層ごとに変化している．らせん転位周りを見てみると，らせんで隣の層へつながっているため，c–ダイレクターの方向が反転し，層面に投影した転傾の構造を見てみると，図 4.9(a) で見られた $m = \pm 1/2$ 転傾における欠陥面が消失していることがわかる．このように，スメクティック C_A 相ではスメクティック C 相では観察されない，2 本帯のシュリーレン組織が捩位の存在を介して観察される．このことは組織観察からスメクティック C_A 相をスメクティック C 相から区別する手段にもなっている．

4.2.4　曲界面による欠陥構造

本章の最後に，曲界面による欠陥構造について簡単に述べておく．ネマティック液晶，コレステリック液晶，スメクティック液晶を水平配向処理，あるいは垂直配向処理した球内，円筒内などに閉じ込めると液晶はどのような配向をとり，どのような欠陥を生じるかを考えることは興味深い．たとえば，垂直配向処理した円筒内にネマティック液晶を閉じ込めると，液晶分子は放射状に並ぶであろうか．もしそうなると，ダイレクターの変形は一番エネルギーの低いスプレイ変形のみであるが，円筒の中心に，円筒軸方向に伸びる欠陥線が入ってしまう．これを避けるために，ベンド変形を導入しダイレクターを円筒に沿った方向に逃げさせると，変形の自由エネルギーは増加するが，欠陥線は消滅するだろう．もちろんダイレクターの逃げる方向は円筒に平行な 2 つの向きがあるので，それら 2 つの向きがぶつかり合うところでいくつもの点欠陥ができる．欠陥の周りにダイレクターが放射状になったものを放射型ヘッジホッグ欠陥，双曲線状になったものを双曲線型ヘッジホッグ欠陥と呼ぶ．これら点欠陥の強度は等しく，符号は逆なので，隣り合う点欠陥は消滅し，その数は減ってゆくだろう．このような研究は古くから行われている．

球面境界は2通り考えられる．液晶が内部にある場合と外部にある場合である．前者は液晶を水やグリセロールなど相溶しない溶液と混合することで得られる．また，後者は液晶中にシリカなどのマイクロ球を混入することによって得られる．これらについて若干紹介する．

水に液晶を添加し撹拌すると，液晶のドロプレットが多数形成される．液晶分子は水との界面に対し垂直に配向するのでネマティックであれば，放射状，スメクティックであれば分子は放射状で層が同心球を形成し，いずれの場合も中心に点欠陥（放射型ヘッジホッグ）ができる．一方，たとえば，グリセロール中の液晶ドロプレットの界面は水平配向であり，ネマティック相では2極性の構造を形成する．スメクティック相の場合はどうしても層が曲がる必要があり，複雑なフォーカルコニックス構造を形成する．応用として興味深いのはコレステリック液晶である．らせん軸が液晶球の中心から放射状に延びた構造をとり，顕微鏡で半ピッチに対応する同心円を観測することができる．ただし，ダイレクターのドロプレット表面，内部での連続性を保証することは不可能なので欠陥の導入は避けられない．このようなドロプレットにレーザ色素をドープし，強い光で励起すると，らせん構造が放射状分布帰還型のキャビティとなり，中心からあらゆる方向への光が閉じ込められ，ドロプレット中心の色素による発光のみがレーザ発振を起こす．

液晶ドロプレットと逆の構造，すなわち，液晶中のマイクロ粒子周りの欠陥構造も古くから研究の対象になっている．これらの周りにできる典型的な欠陥構造を図 4.11 に示す．界面が垂直配向の場合は，(a) ヘッジホッグ欠陥，あるいは (b) サターンリング欠陥が，水平配向の場合は (c) ブージャムと呼ばれる表面欠陥ができる．ヘッジホッグは欠陥点が＋1の，マイクロ球が－1の欠陥に対応するので，電気的な対応としては双極子を持つと考えられる．したがって，2個のマイクロ球があると図 4.12 のような配置が安定になる．このような性質を用いると図 4.13(a) のような2次元構造を作ることが可能である．また，同様なアナロジーでサターンリングは4重極子と考えられ，その相互作用によって図 4.13(b) のような構造を形成することができる．これらを3次元に拡張することも行われており，人工フォトニック結晶としての応用が考えられる．また，このような複数個のマイクロ粒子の周りを複雑な欠陥線が絡み合ってできる構造にも興味が持たれ，実験，理論両面から研究が進められている．このほかにも，球形に限らず様々な形状のマイクロ粒子周りの欠陥構造が研究されている．以上述べてきた欠陥構造は渦巻き状を呈するものもあり，キラル磁性体周りに渦巻き

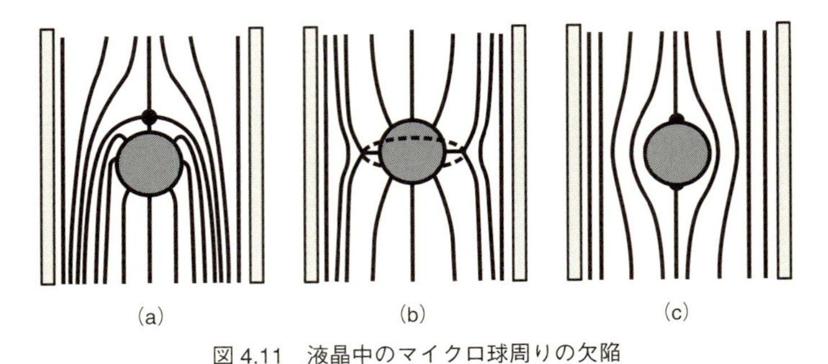

図 4.11　液晶中のマイクロ球周りの欠陥
(a) ヘッジホッグ，(b) サターンリングは界面が垂直配向，(c) ブージャムは界面が水平配向のときに現れる

状に電子スピンを配した準粒子であるスキルミオンとの類似性からも興味深い．なんといっても液晶の配向は光学顕微鏡で容易に観察

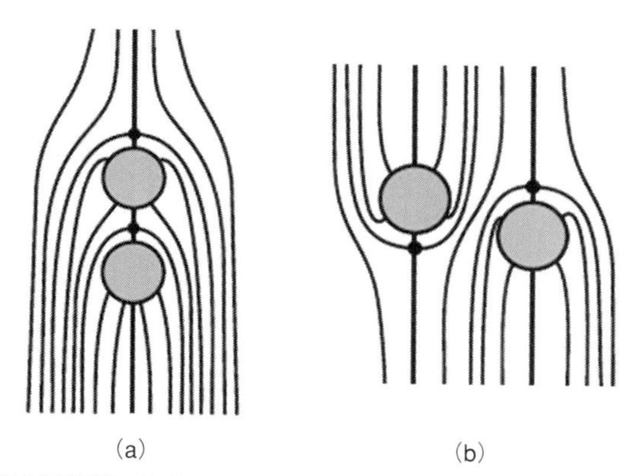

図 4.12　双極子類似の欠陥による欠陥間の相互作用によって生ずるマイクロ球の２つの配置

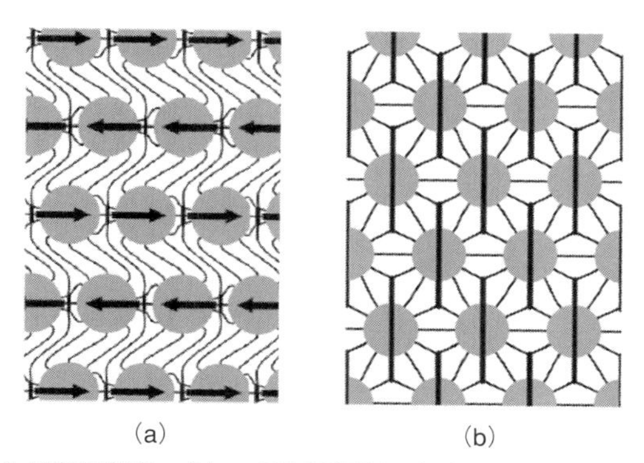

図 4.13　(a) 双極子類似，(b) 四重極子類似の欠陥を伴うマイクロ粒子の２次元結晶構造

できるからである.

参考文献

福田敦夫, 竹添秀男 著,『強誘電性液晶の構造と物性』, コロナ社 (1990)
折原宏 著,『液晶の物理』, 内田老鶴圃 (2004)

第5章

液晶ディスプレイ

今や目にするほとんどのディスプレイは，液晶ディスプレイと言ってよい．薄い，軽い，高精細，低消費電力といった特徴を活かし，テレビ，ノートパソコン，スマートフォン，タブレットPC，カーナビゲーション，デジタルサイネージ等へ幅広く実用化されている．いずれも，もはや生活に欠かせないものばかりであり，その重要性は高い．本章では，この液晶ディスプレイの原理や構造を解説する．

5.1 液晶ディスプレイの原理

表示モードの詳細はさておき，本節では液晶ディスプレイの基本原理をかいつまんで解説する．液晶ディスプレイは液晶を用いたシャッターの集まりであり，シャッターの開閉の原理，さらに進んで，なぜ大画面にカラー表示をすることが可能なのかの一応の理解を得ることが本節の目的である．

5.1.1 液晶ディスプレイの基本

すべてのディスプレイは，画素と呼ばれる1素子がマトリクス状に配置されている．フルハイビジョンであれば1920×1080個もの数であり，これから広まるであろう4Kや8Kといった規格では，

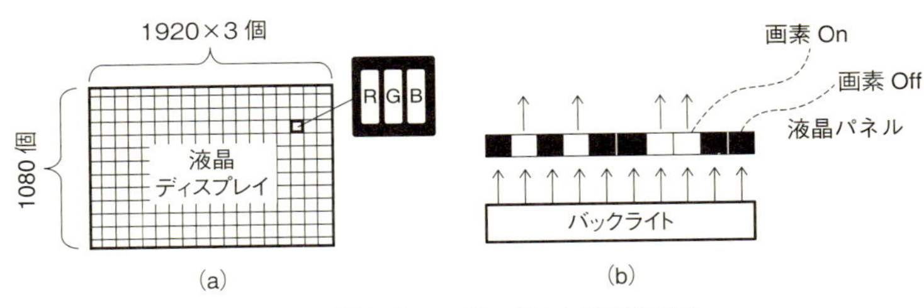

図 5.1　液晶ディスプレイによる画像出力

それぞれ3840×2160個，7680×4320個になっている．カラー表示のために赤色（R），緑色（G），青色（B）の画素を1セットとしているため（5.2.4節やコラム8参照），実際にはこの3倍もの画素が液晶ディスプレイ内には配置されていることになる（図5.1(a)）．

液晶は自ら発光しないため，液晶ディスプレイでは別の光源（バックライト）を背面に配置し，液晶はシャッターの役割をなす（図5.1(b)）．すなわち，液晶ディスプレイには数百万〜数千万個のシャッターが並んでいて，個々の画素の液晶を電気信号によりオンオフさせることにより映像を作り出していることになる．

5.1.2　複屈折

液晶によるシャッターには複屈折という原理を用いているが，これにはコラム1で述べた偏光板が不可欠になる．光は横波のため，一般光源から出る光はあらゆる方向に振動している．偏光板（5.2.3項参照）を光が通過すれば，一方向のみに振動している光を取り出すことができるし，この偏光板を2枚，偏光軸が直交するように重ね合わせれば光は透過することが出来ない．これがシャッターの閉じた状態，すなわち黒表示状態に相当する（図5.2）．

この黒表示状態から光を透過させるために用いるのが複屈折であ

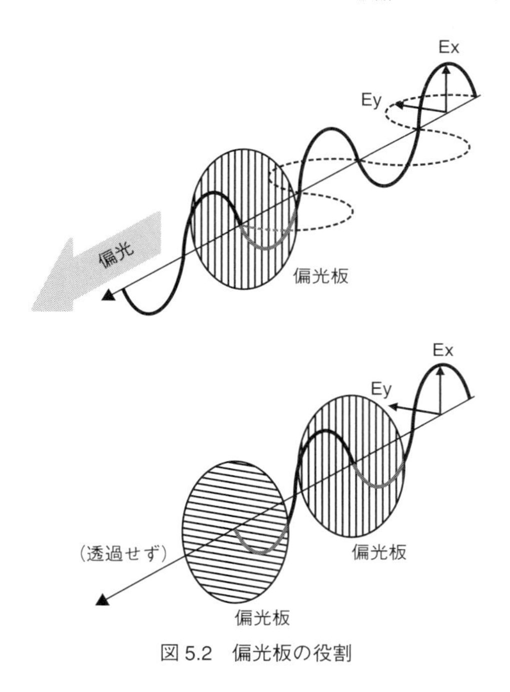

図 5.2　偏光板の役割

る．3.3.2 項で述べたように光学異方性を有する液晶には 2 つの屈折率 n_e，n_o があり，この性質を複屈折性と言う．液晶の厚みを d として，リターデーション R を以下の式で定義する．

$$R = d\{n_e(\theta) - n_o\} \tag{5.1}$$

n_e，n_o に対応する偏光軸方向をそれぞれ遅走軸，進走軸と呼び，R は互いの偏光に対する光学距離の差に相当する．図 5.3 のように 2 枚の偏光子の間に光学異方性物質を挟み込んだとき，この R によって 1 枚目の偏光板を透過してきた光の偏光状態は光学異方性物質中で変化しえる．そして，2枚目の偏光板を透過できる光の強度 T は，遅走軸が一方の偏光板の偏光軸となす角を α，光の波長を λ とすれば，

$$T=\sin^2(2\alpha)\cdot\sin^2\left(\frac{\pi R}{\lambda}\right) \tag{5.2}$$

で表される．

つまり，R や α を変化させることが出来れば，T の大きさを制御できることがわかる．式(5.2) によれば白表示状態 $T=1$ のためには，$R=\lambda/2$ かつ $\alpha=45°$ が必要になる．一方，黒表示状態 $T=0$ のためには，$R=0$ または $\alpha=0°$ であればよい．そこで，黒（$T=0$）→白（$T=1$）への変化のためには，

① $\alpha=45°$ のままで，$R=0$ から $R=\lambda/2$ へと変化させる
⇒縦電界モード

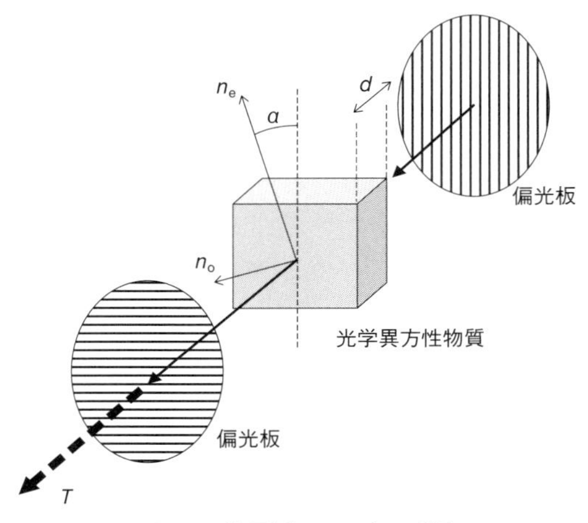

図5.3　複屈折による光の透過

②$R=\lambda/2$ のままで，$\alpha=0$ から $\alpha=45°$ へと変化させる

⇒横電界モード

のいずれかでよいことがわかる．

液晶は一般に誘電異方性を有するため，3.4節で述べたフレデリックス転移を応用して電界印加による配向方位制御が可能であり，適当な初期配向および電極構造を用意すれば①あるいは②の条件を実現することができる．このような液晶の複屈折により各画素の透過光強度を制御しているのが液晶ディスプレイの基本である．

5.1.3　縦電界モードと横電界モード

①縦電界モード

3.3.2項で示したように，$n_e(0°)=n_o$，$n_e(90°)=n_e$，また任意の θ では式(3.11) である．すなわち，液晶分子長軸の方向が基板鉛直である状態（$\theta=0°$）から傾けられれば，適当な液晶厚み d を選んでおくことにより，$R=0$ から $\lambda/2$ への変調が可能になる．

より具体的には，透明電極を有する基板表面に垂直配向膜を形成し，負の誘電異方性を有する液晶を挟み込んだ液晶セルにより達成

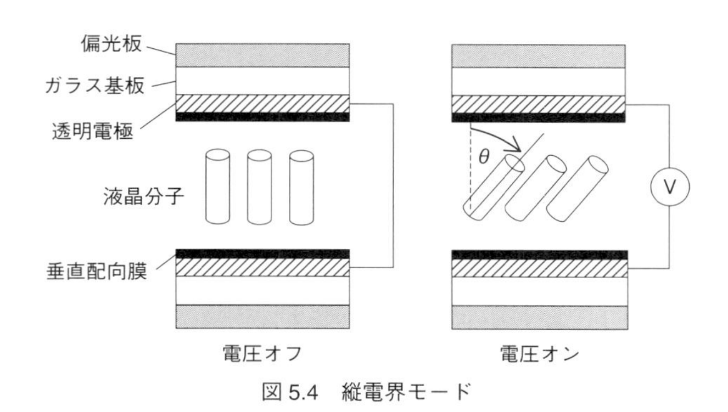

図5.4　縦電界モード

される．電圧無印加では$\theta=0°$であり，電圧印加によりθを増大させることができる（図5.4）．このような方法はその電界印加方向から縦電界モードと呼ぶこともある．

②横電界モード

①との違いは，もともとの屈折率楕円体のn_e軸を基板“面内”方向に配置しておくことである（水平配向，$\theta=90°$）．この初期配向の位置を$\alpha=0°$として，基板面内方向に電界を発生させることにより，$\alpha=45°$の方向に回転させるのである．図5.5の場合には正の誘電異方性の液晶を使用するが，初期配向を適当に選べば，負の誘電異方性の液晶を用いることもできる．このモードは①との比較から横電界モードと呼ぶこともある．

①および②の具体的な構成については，5.3節で述べる．

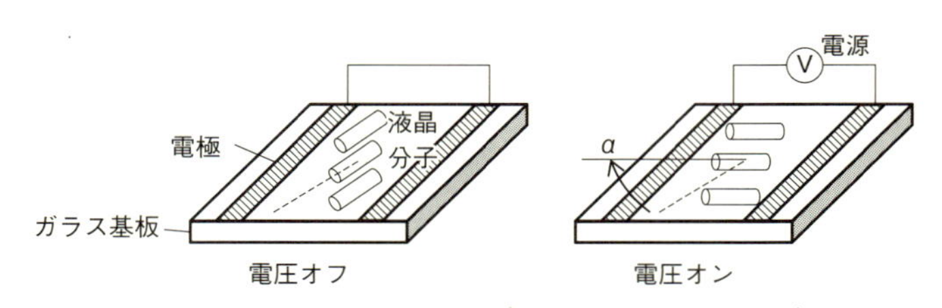

図5.5　横電界モード（偏光板や対向基板等は図示せず）

5.1.4　アクティブマトリクス駆動

マトリクス状に配置された多数の画素への信号電圧の書き込みは，アクティブマトリクス駆動によって実現される．1画素は電極で液晶を挟み込んだコンデンサと見なすことができるため，図5.6(a)のように信号電圧を書き込んでスイッチをオフにしても電荷（電圧）が保持されることになる．図5.6(b)には4×4画素のマトリクスを示し，2行目に信号電圧を書き込んでいる瞬間を示している．このようにアクティブマトリクス駆動ではラインごとに順次，信号電圧を書き込んでいく．たとえば，フルハイビジョンでは1ライン当たり15マイクロ秒以下で書き込み，1080本のラインを有する画面に対し1秒間では60回信号を書き込んでいる（フレームレート60 Hz）．したがって，1度書き込まれた信号電圧は1秒÷60＝16.6ミリ秒（1フレーム）はコンデンサである画素に保持しておかねばならないが，液晶の比抵抗が低いと電流が流れてしまい，画素電圧が低下してしまう．したがって，不純物の極めて少ない，比抵抗の高い液晶が求められる．この1フレーム時間後にも保持されている電圧の割合を電圧保持率といい，液晶ディスプレイでは極めて重要なパラメータである．実用化されているものでは99% 以上のものがほとんどである．

また，スイッチの原理は電界効果トランジスタであり，薄膜トランジスタによって形成されているためTFT（Thin Film Transistor）

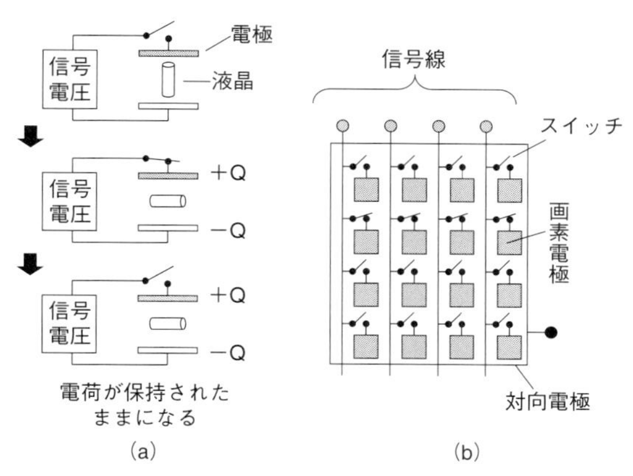

図5.6　アクティブマトリクス駆動の基本概念

と略されることが多い．

5.2 液晶ディスプレイに必要な材料

液晶ディスプレイのパネル断面の概略図を図5.7に示す．このように，液晶ディスプレイには液晶材料以外にも多くの部材が必要である．本節では，各部材の特徴を述べる．

5.2.1 液晶

液晶ディスプレイ用の液晶分子は棒状のネマティック液晶である．その誘電異方性の符号から正負の液晶に大別され，後述する表示モードに応じて適宜選ぶ．正の誘電異方性を有する液晶分子は分子長軸方向の分極を発生させる部位を有している．本格的な液晶ディスプレイとして実用化されたTN-LCD（Twisted-Nematic Liquid Crystal Display，5.3.5項参照）用に開発された液晶は2.2.1項（図2.4）にすでに紹介したシアノビフェニル化合物nCB（n-alkyl cyano biphenyl）である．ここでnは末端アルキル鎖の炭素数（図

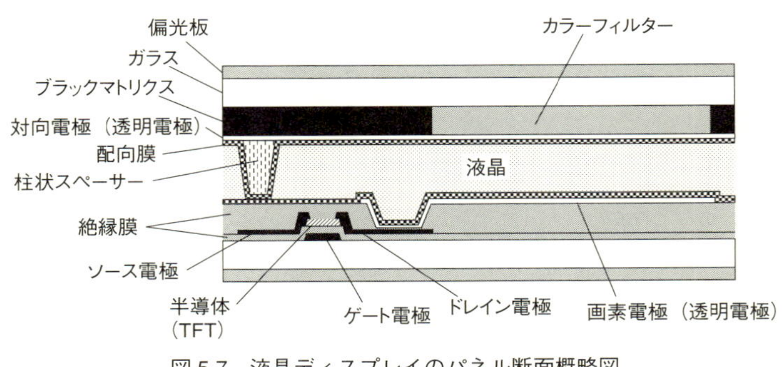

図5.7　液晶ディスプレイのパネル断面概略図

2.4 では $n=5$）である．当時の液晶の中では化学的安定性に優れ，末端シアノ基のダイポールモーメントにより大きな誘電異方性（$\Delta\varepsilon$）の確保にも有利であった．高 $\Delta\varepsilon$ になると，応答性に関わる粘度が大きくなるが，これを解決するためにベンゼン環をシクロヘキサンに置き換えた低粘性の化合物も開発された（図 5.8）．

ところが，5.1.4 項で述べたように TFT によるアクティブマトリクス駆動においては高い電圧保持率，すなわち大きな比抵抗値が要求されるようになった．上述のシアノ基のような極性の高い部位はイオン性物質を取り込みやすく，電圧保持率を低下させてしまった．そこで登場したのがフッ素系化合物であり，$\Delta\varepsilon$ を大きく保ちながら，高電圧保持率および低粘性を達成した．液晶材料へのイオンの溶融については計算機シミュレーションによる研究も報告されており，定性的にもフッ素系化合物が良好な電気特性を示すことが示されている．図 5.9 に代表的な正の誘電異方性を有する液晶性化合物を示す．

一方，負の誘電異方性を有する液晶分子は短軸方向の分極を発生させる部位を有していることが必要であり，実用化されている化合物ではベンゼン環の同じ側にフッ素原子 2 つが置換されていることが特徴である（図 5.10）．

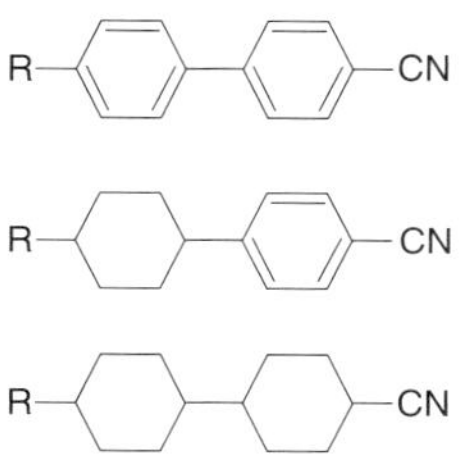

図 5.8　初期の液晶ディスプレイ用液晶例

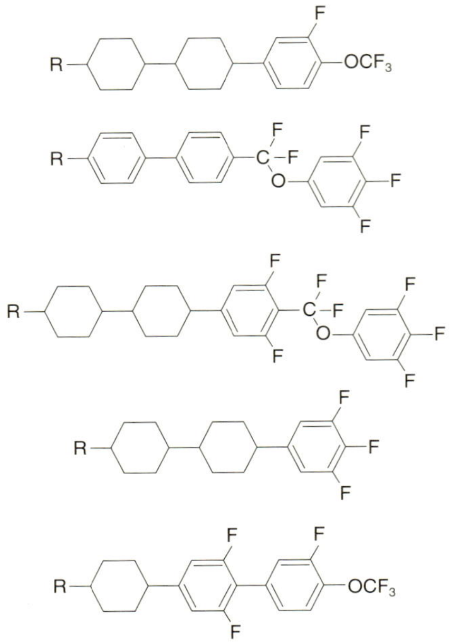

図 5.9　正の誘電異方性をもつ液晶例

フッ素は高電圧保持率のために重要であったが，フッ素の van der Waals 半径が 0.147 nm と，水素の 0.120 nm の次に小さく，ベンゼン環の側方にフッ素を置換しても液晶性の低下にさほど影響しない．正負の誘電異方性に関わらず，現在の TFT-LCD に使われている液晶にはほとんどフッ素系化合物が用いられている．

以下に液晶ディスプレイの性能を決める液晶材料の各種物性パラメータおよび関係するディスプレイ性能を整理しておく．

誘電異方性 $\Delta\varepsilon\,(=\varepsilon_{//}-\varepsilon_{\perp})$：駆動電圧および消費電力

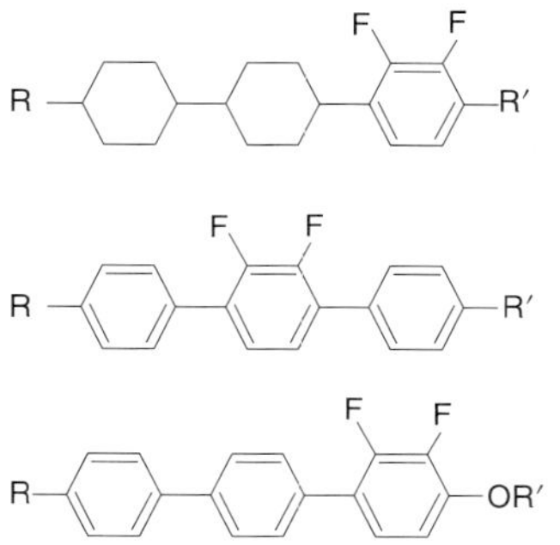

図 5.10　負の誘電異方性をもつ液晶例

弾性定数 K_{ii}：駆動電圧および消費電力
屈折率異方性 $\Delta n\,(=n_e-n_o)$：透過率（消費電力）
屈折率の波長分散：ホワイトバランス（色）
回転粘性係数 γ_1：応答時間（動画表示性能）
電圧保持率（比抵抗率）：表示ムラ，長期信頼性
耐熱性，耐光性：表示ムラ，長期信頼性
ネマティック相の温度範囲：動作可能温度

このように多岐にわたるパラメータがあり，それぞれ用途において重要度も変わってくる．また，それぞれのパラメータを独立に変化させることは不可能でトレードオフの関係になっていることが多いため，液晶ディスプレイの要求仕様と照らし合わせて液晶材料の調製がなされる．実際には単一の液晶分子で満足する物性を得るのは困難であり，数種から十以上もの液晶性化合物を混合して使用することが通例である．

これらパラメータとディスプレイ特性の代表的かつ重要な関係式

を示す．電圧透過率特性における閾値電圧（フレデリックス転移）は，式(5.3) で示される．

$$V_{\mathrm{th}}=\pi\sqrt{\frac{K}{|\Delta\varepsilon|}} \tag{5.3}$$

なお，垂直配向モード（VA：Vertical Alignment）では $K=K_{33}$，TN モードでは，$K=K_{11}+\frac{1}{4}(K_{33}-2K_{22})$ となる．これらはいずれも縦電界モードであるが，液晶の厚み d（セル厚）が現れないことに注目されたい．液晶を固定している距離と電界が生じている厚みが同じになるため相殺されているのである．一方，インプレーンスイッチングモード（IPS：In-plane Switching）では $K=K_{22}$ として，閾値電圧は，式(5.4) で示される．なお，l は櫛歯電極間距離（＝電界が生じる距離）である．

$$V_{\mathrm{th}}=\pi\frac{l}{d}\sqrt{\frac{K}{|\Delta\varepsilon|}} \tag{5.4}$$

応答時間も理論的に導出されている．電圧をオンおよびオフしたときの応答時間をそれぞれ τ_{on}，τ_{off} として以下のように表される．

$$\tau_{\mathrm{on}}=\frac{\gamma_1 d^2}{\varepsilon_0\Delta\varepsilon}\cdot\frac{1}{(V_{\mathrm{on}}-V_{\mathrm{th}})^2} \tag{5.5}$$

$$\tau_{\mathrm{off}}=\frac{\gamma_1 d^2}{K\pi^2} \tag{5.6}$$

ここで V_{on} は印加電圧である．よって，応答時間を短くするためには，回転粘性係数 γ_1 の小さい液晶材料が求められることがわかる．また，セル厚 d を薄くすることも有効だが，透過率維持のためリターデーション $d\Delta n$ は下げられないので，その分 Δn を大きくする必要がある．Δn を大きくするには，たとえば，ビフェニル系やターフェニル系液晶性化合物の組成比率を上げて液晶分子の異方性を増大させるが，必ず γ_1 が上昇してしまうため注意が必要である．

γ_1の小さな液晶性化合物は定性的には蒸気圧の高いことが多い．昔は，液晶を2枚のガラス基板の隙間に注入するには真空下での毛管現象を使っていたため，長時間にわたって液晶材料が真空にさらされていた．そのため，注入中に揮発しやすい組成が減ってしまい物性値が変化する（ばらつく）問題があったが，滴下注入法（5.4.3項参照）が開発され，粘性の低い液晶材料を使用しやすくなった．

5.2.2　配向膜

液晶はガラス基板で挟み込んで使用するが，その初期配向方位を決めるのが基板表面に形成される配向膜である（図5.11）．現在実用化されている配向膜のほとんどは，テトラカルボン酸二無水物とジアミンの重縮合反応から得られたポリアミック酸，または可溶性ポリイミドである（図5.12）．これらは基板上に薄い配向膜として形成された後，200℃近傍の高温で焼成されるためイミド化が進行し，熱的・化学的安定性が増す．図5.13にテトラカルボン酸二無水物，図5.14にジアミンの代表例を示しておく．溶解性，電気特性，プレチルト角等の観点から種々のモノマーが選択される．

基板への塗膜形成には有機溶媒に溶けた配向材インクを用意する

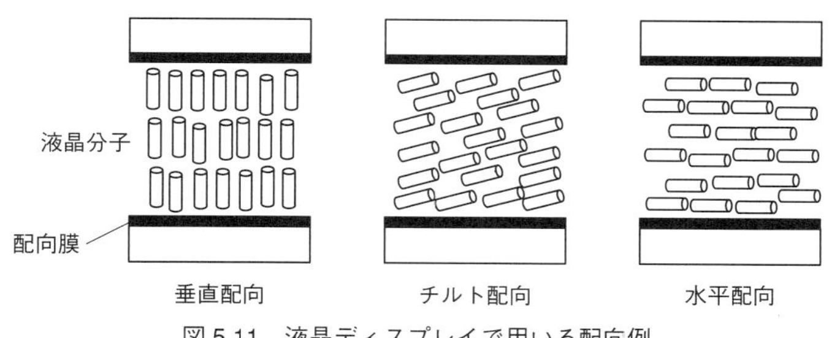

図5.11　液晶ディスプレイで用いる配向例

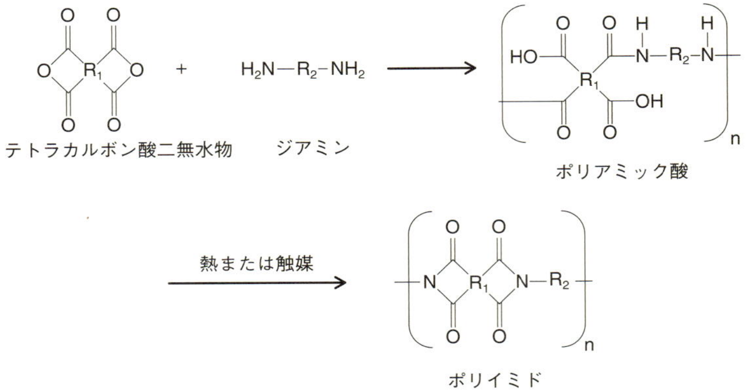

テトラカルボン酸二無水物　+　ジアミン $H_2N-R_2-NH_2$ → ポリアミック酸

熱または触媒 → ポリイミド

図 5.12　配向膜材料の重合過程

必要がある．液晶ディスプレイの表示品位のためには極めて良好な塗布性が求められ，良溶媒であるN-メチルピロリドンやγ-ブチルラクトンなどの極性溶媒だけでなく，表面張力の低い貧溶媒であるブチルセロソルブを加えて基板への濡れ性を改善する必要がある．

また，液晶配向方位を一方向に規定するために，布を巻きつけた高速ローラーで擦るラビング処理を施す場合がある．この際，膜剥がれや傷が生じることがあり，改善するためシランカップリング材や架橋剤を配向材インクに添加することがある．

一方，配向方位を規定するのにラビングのような物理的接触により異方性を付与するのではなく，偏光紫外線を配向膜表面に照射することにより配向方位を非接触で規定する光配向技術も注目されている．

たとえば，シンナメートはC=Cの二重結合を有し，313 nm 近傍の偏光により，シス体への異性化，または二分子による二量化を生じる（図5.15(a)）．シクロブタンを有するポリイミドは，254 nm

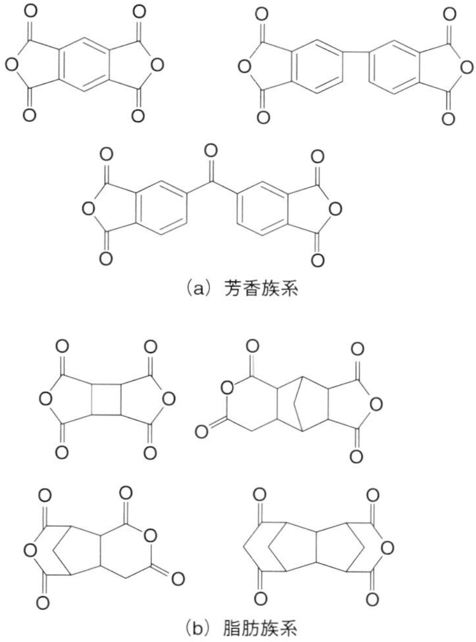

(a) 芳香族系

(b) 脂肪族系

図 5.13　テトラカルボン酸二無水物の例

近傍の偏光により開裂（分解）が生じる（図 5.15(b)）．また，アゾベンゼンは，365 nm 近傍の偏光によりシス体への異性化が生じる（図 5.15(c)）．いずれにしても偏光による選択的な光反応が配向膜表面に異方性を生み，液晶の配向方位の制御を実現している．これ以外にも種々の光配向を実現する新規材料が研究開発されている．

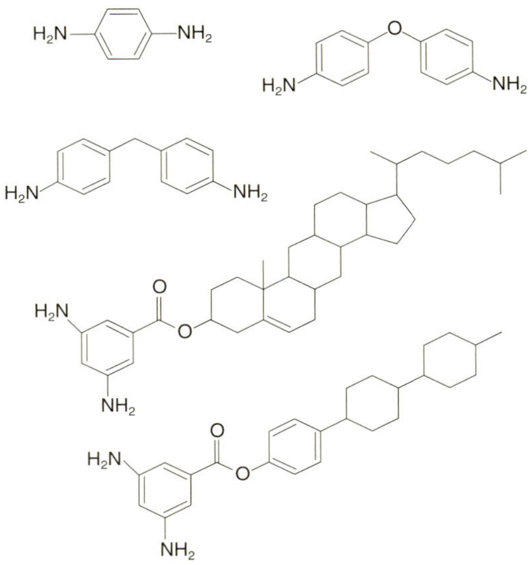

図 5.14　ジアミンの例

5.2.3　偏光板と光学補償フィルム

偏光板は前述した偏光を取り出す役目を担うフィルムである．典型的な断面構成を図 5.16 に示す．偏光層はポリビニルアルコールフィルム（PVA）にヨウ素または染料を添加し，延伸したものが用いられる．ヨウ素は高次イオンが鎖状に連なった形で配列して，高い偏光度（99.95% 以上）を発現しやすい．一方，染料は二色性を必要とし，耐熱性に優れるといった特徴がある．

両側にはトリアセチルセルロースフィルム（TAC）を配置し，偏光層を支持している．さらに液晶側（内側）には複屈折性を有する位相差フィルムが付加されていることが多い．液晶ディスプレイを

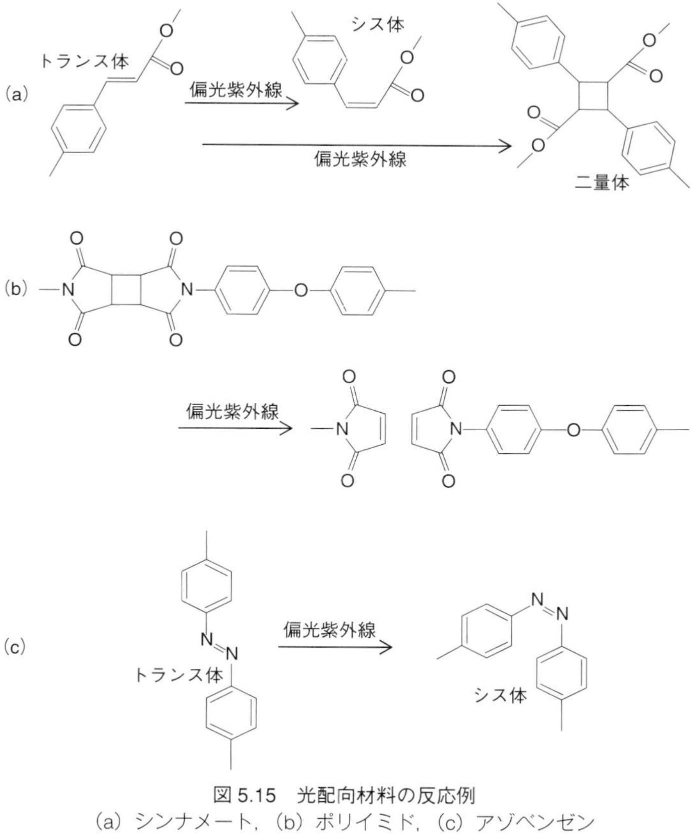

図 5.15　光配向材料の反応例
(a) シンナメート，(b) ポリイミド，(c) アゾベンゼン

斜めから観察した際，黒表示において液晶由来の複屈折により光が漏れコントラスト低下を生じる．さらには2枚の偏光板の偏光軸は斜め視角において直交状態からずれてしまうため，このこともコントラストの低下を引き起こす．斜め視角における位相差フィルム

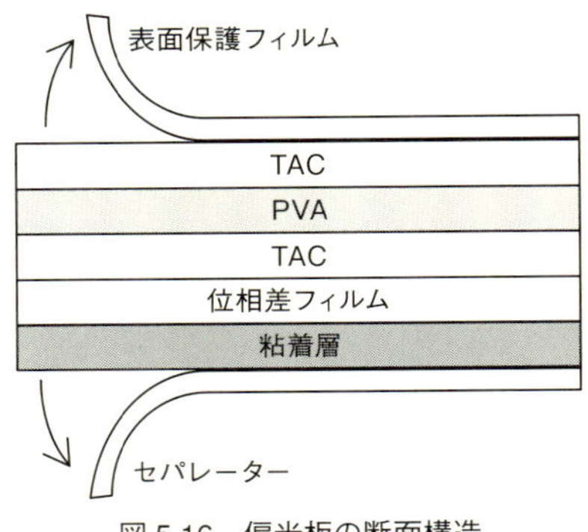

図 5.16　偏光板の断面構造

の複屈折がこれらを打ち消す役目を担っており，このことから光学補償フィルムとも呼ばれる．コスト低減のために内側の TAC フィルムを削減し，この位相差フィルムを直接 PVA フィルムに貼りつけ支持フィルムと兼用することも行われている．最下層にはガラス基板面と接着するための粘着層も備えられている．

5.2.4　カラーフィルター

フルカラー表示のためには，3 色（赤，緑，青）の画素による加法混色を用いる．図 5.17 に加法混色の概念を示す．図では 8 色を示しているが，さらに RGB の各画素を独立に中間調表示するため，たとえば 1 画素を 8 bit（256 階調）で制御すれば，$256^3=1677$ 万色の表示が可能になる．

各画素には RGB 各色を取り出す（＝それ以外の光を吸収する）カラーフィルターが，また，各画素の境界には配線などを隠したり，混色を防いだりするための遮光層（ブラックマトリクス）が形成される．これらは，フォトリソグラフィーによるパターニングが

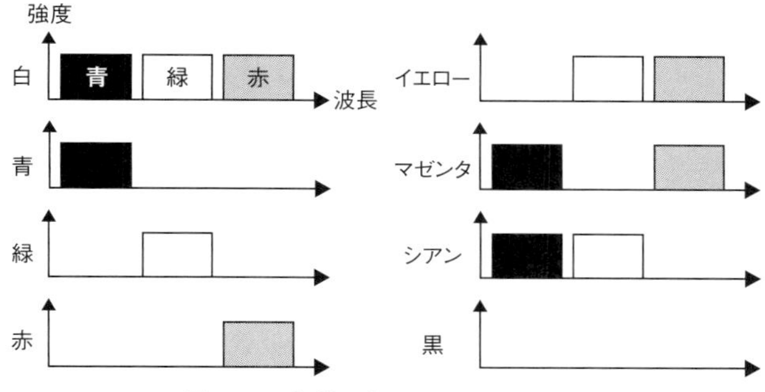

図 5.17　加法混色によるカラー表示

必要のため，感光性樹脂と顔料，または染料等を混合したものが用いられる．遮光層は高コントラストを得るために OD 値 5 前後（透過率 10^{-5}）が求められる．近年では色再現性を高めて液晶ディスプレイの表示品位を向上することを目指し，カラーフィルターの吸収スペクトルの狭バンド化，高 OD 化も進んできているが，透過率とのトレードオフが課題である．なお，液晶層の厚みを一定に保つための柱状スペーサーも感光性樹脂からなり，パターニング性，硬さ等が求められる．

5.2.5　TFT 基板

一方のガラス基板上には液晶を電気的に駆動するための配線や薄膜トランジスタ（TFT）が形成されていて，この基板を TFT 基板ということが多い．信号を供給する配線には，銅，アルミニウム，タングステン等の低抵抗金属が用いられる．液晶に電圧を印加する画素電極は光透過性が必要なため，透明電極となりうる ITO（Indium Tin Oxide）または IZO（Indium Zinc Oxide）が用いられる．電気的絶縁膜には，SiNx や SiOx の無機膜，あるいはアクリル等の有機膜を，その後のプロセス温度や必要性能から適宜選ぶ．TFTには，アモルファスシリコンやポリシリコンが用いられてきたが，最近では酸化物半導体（In–Ga–Zn–O が実用化）も液晶ディスプレイに適用され始めている [1].

5.3　配向技術と表示モード

本節では現在用いられているディスプレイモードをまとめる．それらの表示モードを実現するための配向技術，視野角特性，コントラスト比に対するそれぞれのモードの特徴などを述べる．

5.3.1　視野角拡大の技術

液晶ディスプレイは長年，斜めから見ると色やコントラストが変化してしまう，いわゆる視野角性能が悪いとされていた．その直感的原因を図 5.18(a) に示す．電圧で液晶が一方向に応答した状態を正面や左右斜めから観察した際，その見え方が顕著に異なってい

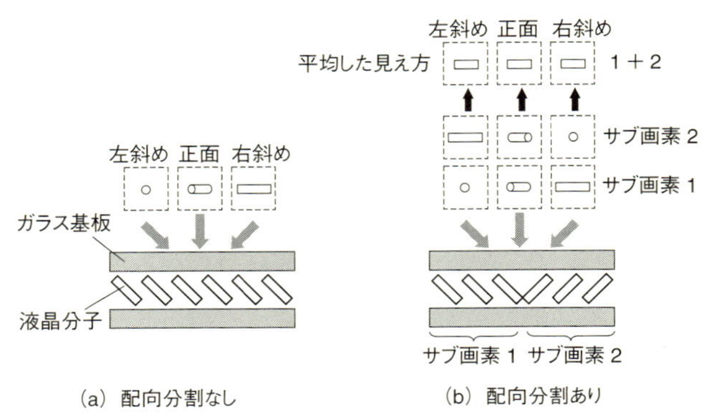

図 5.18　配向分割による視野角特性の改善

ることに由来する．式(3.11) からも明らかなように見る角度によって複屈折が変化してしまうからである．これを改善する方法は図 5.18(b) のように 1 画素内に複数の方向に液晶分子が応答する配向分割を施し，平均化により視野角による変化を相殺することである．もう 1 つの方法は，光軸が基板面外に出ないようにする横電界モードの採用である．

液晶配向および画素電極構造が異なるいくつかの液晶表示モードが実用化されており，広視野角化を達成している．代表的なものを以下に述べる．

5.3.2 UV²A モード

液晶ディスプレイでは，液晶配向および画素電極構造によって区別されるいくつかの表示モードが存在する．

UV²A（Ultra-Violet induced Vertical Alignment）モードは，光配向技術を用いた垂直配向表示モードであり，液晶材料には負の誘電異方性を有するものを用いる．光感応性を有する配向膜を用い液晶の配向方位を制御する研究は 1988 年に初めて発表され，その後さかんに研究開発がなされていたが，光配向技術を用いた液晶ディスプレイの量産化は 2009 年が最初である [2]．偏光方向が入射面内にある P 偏光紫外線を斜めから照射することにより，90° よりわずかに傾いた配向を得る（図 5.19）．シンナメートを光感応基とする光配向膜を用いており，その反応機構は光異性化，二量化，および光励起はされてもトランス体へ戻る再配向の 3 つがあり得るが，これらが複合的に生じているものと考えられる．フォトマスクを用いることで，簡略な画素構造において画素内分割配向が実現されるため生産歩留まりを損なうことなく，広い視野角と高いコントラストを有する液晶ディスプレイが得られることが特徴である（図 5.20）．

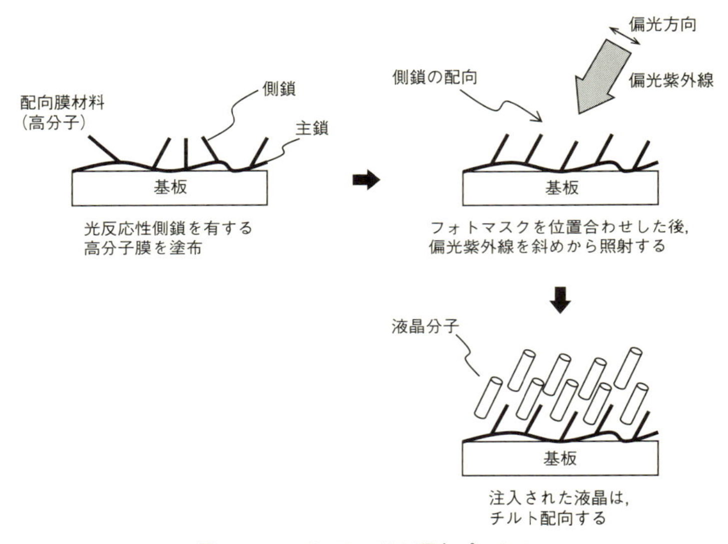

図 5.19　UV²A モードの配向プロセス

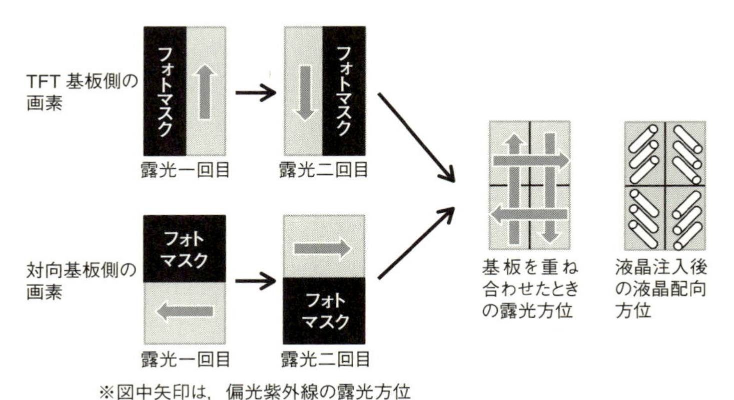

図 5.20　UV²A モードの画素配向手順

5.3.3 PSA モード

PSA（Polymer Sustained Alignment）モードは，前述のUV²Aモード同様，垂直配向表示モードであるが，その実現方法はまったく異なる［3］．まず，画素電極には3～4ミクロン幅の線状の微細パターニングが施され（図5.21），その形状からフィッシュボーン電極と呼ばれる．配向膜には垂直配向性のもの，また液晶にはアクリル基やメタクリル基を有する光重合性物質を微量含有させてある（図5.22）．このような画素構造において，電圧をゆっくり印加すれば，電極構造に由来するわずかな電界方向のひずみにより，4方向のチルト配向状態が発現する．この状態を維持したまま紫外線を照射すれば光重合性物質の重合が開始するが，分子量の増大により溶解性が低下するため液晶中から排斥され配向膜界面に堆積する．こうして配向膜表面には4方向のプレチルトが固定化されるが，一度形成されたプレチルトは電界のオンオフによって消失することは無く極めて安定であり，長期のディスプレイ使用に十分耐えうるものとなる．

5.3.4 IPS モードと FFS モード

いずれも液晶分子を基板界面に水平に配向させる水平配向型表示

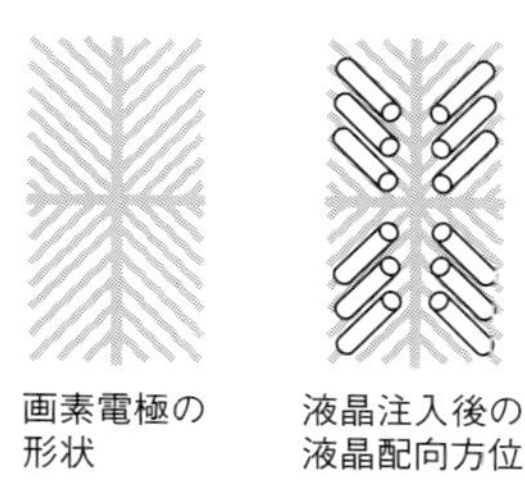

図5.21 PSA モードの画素配向状態

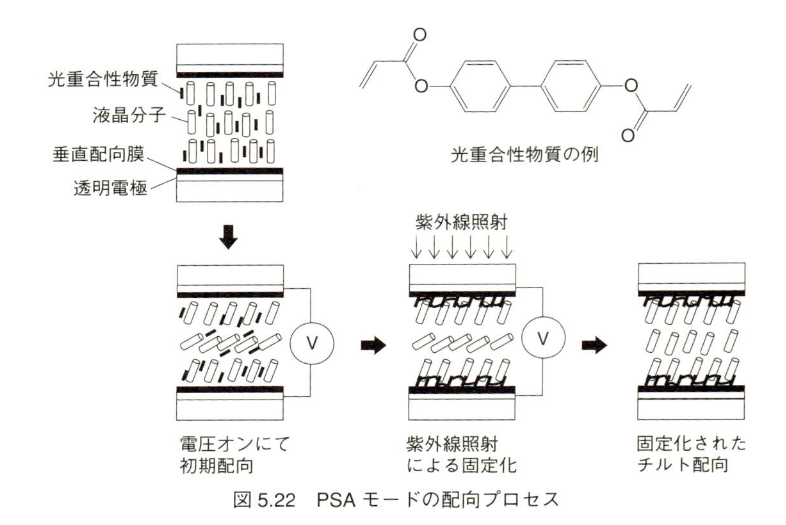

図 5.22　PSA モードの配向プロセス

モードである．基板におおよそ平行な電界を印加し液晶配向方位を基板面内方向で回転させるので，5.1.3 項の横電界モードにも分類される．IPS は In-Plane Switching，FFS は Fringe Field Switching の略であり，これらの画素構造を図 5.23 と図 5.24 に示す［4］．IPS では櫛歯状電極を形成し同一面内で電位差を設けているが，FFS では絶縁膜を介して電位差を設ける構造になっている．IPS の方が後述する TFT 基板を作製する成膜やパターニングの回数が少ないためコスト的には有利であるが，電極上の液晶が応答せず透過率のロスを生じる．一方，FFS モードでは逆に層数増加によるコスト増を伴うが，フリンジ電界により電極上の液晶も応答するため透過率的には有利である．いずれのモードも概ね屈折率楕円体の光軸が基板面内で回転して階調表示を行うため良好な視野角特性を有する．

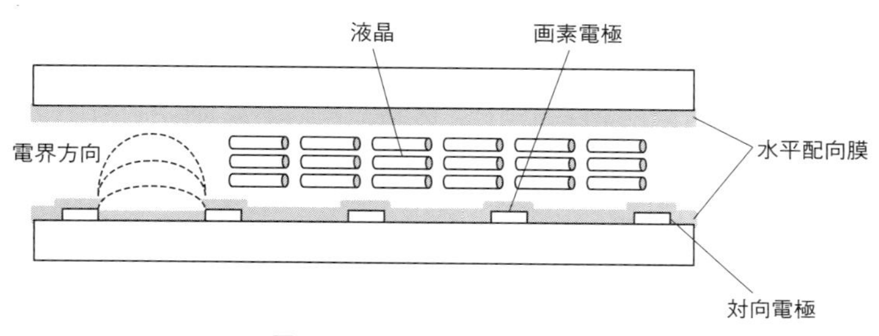

図 5.23 IPS モードの画素構造

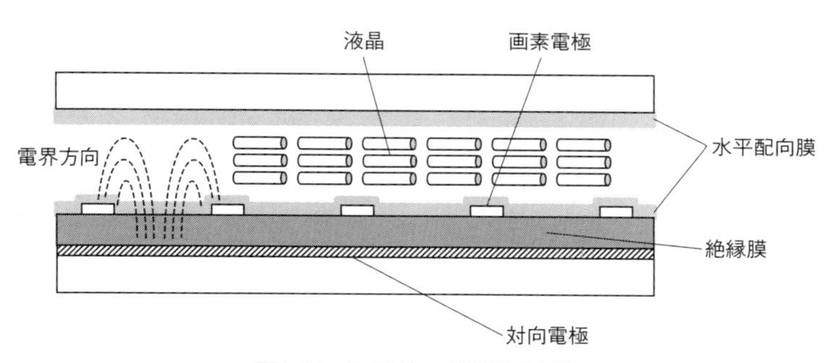

図 5.24 FFS モードの画素構造

これらモードでは液晶分子が基板界面上に寝る水平配向膜を選択し，ラビング処理または光配向処理を施し一軸液晶配向を得る必要がある．液晶については正負いずれの誘電異方性でも適用可能ではあるが，初期配向方位は互いに 90° 異なる．

5.3.5 TN モード

TN は Twisted Nematic の略であり，上述のような複屈折ではなく，光学的にはねじれ配向による旋光という現象を用いている（図

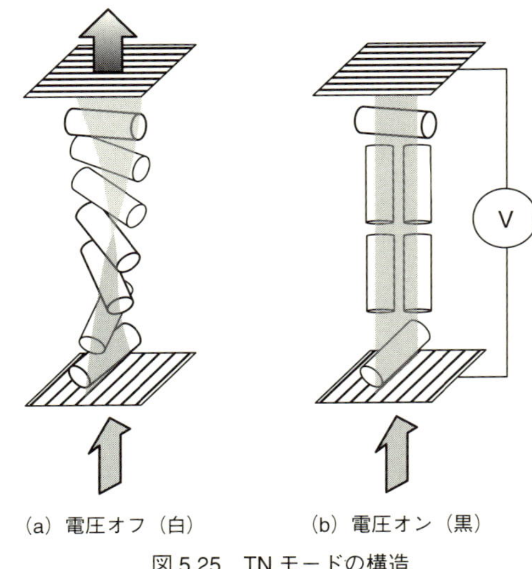

図 5.25　TN モードの構造

5.25)．電圧オフで白表示，電圧オンで黒表示というノーマリホワイト型であり，先に述べたすべてが逆のノーマリブラック型であるのとは異なる．視野角特性としては劣るが透過率が高く比較的安価に製造できることから低価格帯のノートパソコンや家電製品のディスプレイ等に現在も用いられている．

5.4　液晶ディスプレイの作製プロセス

液晶ディスプレイを完成させるためには多くのハイテクプロセスが必要である．すべてのプロセスがディスプレイの性能，コストなどに深く影響を与える．本節ではそれら様々な作製プロセスを詳述する．

5.4.1　各基板の作製

図 5.7 に示したように，液晶ディスプレイのパネル構造は，2 枚のガラス基板で液晶を挟んでいるのが基本である．それら基板には種々の必要構成物が形成されていて，ほとんどがフォトリソグラフィーによるパターニングによって順次重ねて形成されていく（図 5.26）.

成膜：金属系であればスパッタ法，Si 系絶縁膜やアモルファスシリコン，ポリシリコンは CVD（Chemical Vapor Deposition）法を用いる．有機系の場合はスリットコーターによる塗膜が一般的である．

レジスト塗布：感光性樹脂であるレジストを成膜する．ただし，前

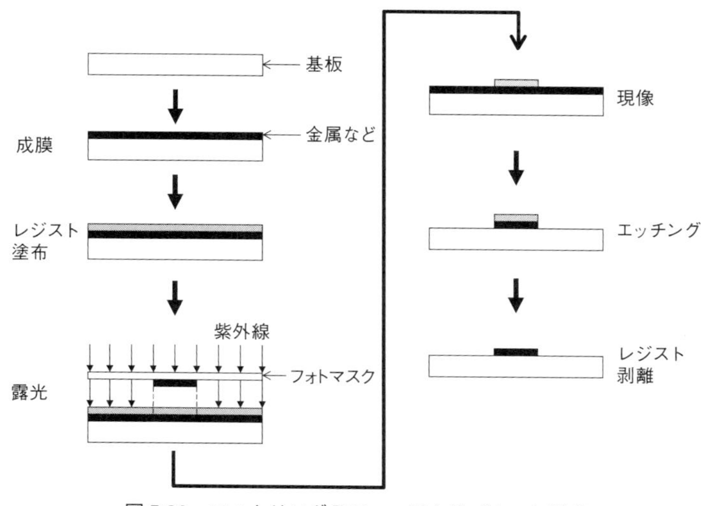

図 5.26　フォトリソグラフィーによるパターン形成

記有機系の場合は同時に感光性を持たせておけば，このレジスト塗布は不要になる．たとえば，カラーフィルターやブラックマトリクス，柱状スペーサーがそうである．

露光：所望のパターンを有するフォトマスクをアライメント（位置調整）して，紫外線露光する．

現像：露光されたレジストから不要部分を現像液により取り除く．

エッチング：ウエットエッチングまたはドライエッチングにより膜の不要部分を除去する．

剥離：剥離液によりレジストをすべて取り除く．

⇒この一連の手順で，一層が完成．

この成膜とフォトリソグラフィーを大型ガラス基板に対して繰り返し，配線，TFT，絶縁膜，カラーフィルター，ブラックマトリクス，柱状スペーサーを配置していく．非常に多くのプロセスを経てTFT基板，対向基板が作製される．カラーフィルターは対向基板，TFT基板のいずれにも形成可能であり，前者の場合はカラーフィルター基板と呼ぶこともある．また，後者の構造をCOA（Color filter On Array）構造と言う．

5.4.2　配向膜の形成

配向膜材料が有機溶媒に溶けた配向材インクを凸版印刷によりTFT基板および対向基板上の表示エリア部分に均一塗布する．最近ではインクジェットによる塗布も行われるようになってきている．製造する液晶ディスプレイのインチサイズ（品種）を変更する際，凸版印刷では印刷版の変更および装置調整等が毎回生じるが，インクジェットではそのような手間はなく塗布位置データの変更のみで短時間に対応できる利点があり，近年増えてきている．

塗膜は 100℃ 前後でほとんどの溶媒を蒸発させるプレベークを行った後，200℃ 前後でポストベークする．このように形成された配向膜には，液晶の配向方位を付与するため必要に応じてラビング処理，または光配向処理が施される．特に，近年の高精細液晶ディスプレイにおいては，画素のサイズが 20 ミクロン程度になることもあり，基板上の微細な凹凸にラビングでは適用しづらくなってきている．不均一なラビングでは表示ムラやコントラスト低下といった不具合を生じるため，ラビングの代替技術として光配向技術が適用されるようになってきている [1]．

5.4.3　液晶封入と基板貼り合わせ

TFT 基板または対向基板上の表示エリア外周に，エポキシやアクリルからなる光および熱硬化性樹脂（シール材）をディスペンサーで四角状に描画する．また，いずれかの基板上に液晶をディスペンサーにて滴下するが，このときの量は液晶ディスプレイの液晶厚を決める，すなわち表示品位に直接影響するため，精密な量でなければならない．

その後，両基板をチャンバー内で真空にさらし，ミクロンオーダーで両基板をアライメントしながら重ね合わせる．そして，紫外線をシール材に照射して仮留め，加熱して本硬化する．ガラスを分断し不要部分を取り除けば，液晶パネルの完成である．

5.5　液晶ディスプレイの現状

本節では上述のような過程を経て完成した液晶ディスプレイの現

状を解説する．ディスプレイの目的に応じて，それを得意とする表示モードがあることがわかるだろう．

5.5.1　テレビ用液晶ディスプレイ

2000年以降，それまでブラウン管であったテレビに液晶ディスプレイが広く用いられるようになった．コスト，透過率，視野角性能等から，UV^2A，PSA，IPS，FFSモードが選択されている．また，製造のためのマザーガラスサイズも大型化が進み，特に第8世代（2160×2460 m^2）や第10世代（2880×3130 m^2）と呼ばれる工場がテレビ用液晶パネルを生産している．マザーガラスサイズの大型化は大型テレビの普及につながり，一般家庭でも50型以上が広く普及している．また，フルハイビジョン放送よりも表示品位の高い4Kや8Kの規格に対応すべく画素の高精細化も進み，80～120型の超大型高精細液晶ディスプレイも商品化されている．

5.5.2　モバイル機器用液晶ディスプレイ

液晶ディスプレイは当初，時計，電卓，ゲーム機，携帯電話等の小型のモバイル機器へ応用され，これら応用商品の発展とともに様々な液晶技術も培われていった．現在では，ノートパソコン，タブレットPC，スマートフォンの多くに液晶ディスプレイが採用され，市場規模としても極めて大きい．近年の通信技術やメモリ技術等の進化に伴い，モバイル機器でも多くの情報を取り扱うことが出来るようになり，加えて，モバイル機器は至近距離から観察するといった使用形態から，著しい高精細化が進んでいる．5型クラスで500 ppi（Pixel Per Inch：1インチ当たりの画素数を表す単位）といった超高精細度のスマートフォンも製品化されている．このような場合，画素の横幅は20ミクロン以下と小さくなり，TFT素子，配線，ブラックマトリクスを配置すれば，実際に光が透過するエリア（開口率）は極めて小さくなる．そのため，小さい画素で透過率を出しやすい液晶モードを選択する必要があり，最近のほとんどのスマートフォンではFFSモードが採用されている．

また，FFSモードを採用する別の理由もあり，スマートフォンに不可欠なタッチパネルを液晶ディスプレイのパネル内部に作りこめる利点がある．FFSの場合，対向基板に電極が不要のため電気的にシールドされていないことと，FFSモード特有の共通電極構造を複数ブロックに分離してタッチパネル電極と兼用できることが理由に挙げられる．液晶表示モードがその表示特性のみならず，重要な別の機能を備えることにも関連していることは興味深い．

また，小型液晶ディスプレイとしては車載用も重要であり，カーナビゲーションはもちろん，最近ではセンターコンソール，インパネ，車内テレビへも採用されはじめている．バックモニター，サイドビューモニターは危険検知のために搭載されることが増えてきているが，寒冷期に液晶粘度増大による応答速度の低下により視認を損なう恐れが問題となっており，さらなる応答改善に取り組む必要がある．

5.6 先端ディスプレイ

現在，多くの人が多くの場面で液晶ディスプレイを使っており，おそらく，おおむね（非常に）満足していることであろう．上述したディスプレイは誰もが身近に見かけるものである．一方で，現在開発途上の，あるいは製品にはなっているが，まだなじみの薄いディスプレイもある．本節ではこのような先端ディスプレイを紹介する．読者がこんなディスプレイがあったらいいなと考えているものもあるかもしれない.

5.6.1　3Dディスプレイ

ヒトが実際に奥行きのある物体を見るときには，両眼視差（左右に見える像の違い），両眼輻輳（近くの物を見るほど目が内側に寄る），焦点調節（水晶体の調節により焦点距離を合わせる），運動視差（動くと距離によって見え方が異なる）を複合的に検知して，ヒトの脳が立体を認識している.

表面が平らであるディスプレイで3D表示を実現するには，両眼視差を用いており，図5.27のように，左右の目に異なる映像を視認させることを基本原理としている．実用化されている方式としては，時分割方式と空間分割方式があり，後者はさらに専用のメガネ装着有無で分類される.

①シャッター方式

高速で左目用，右目用の映像を切り替える．また，観察者はこの

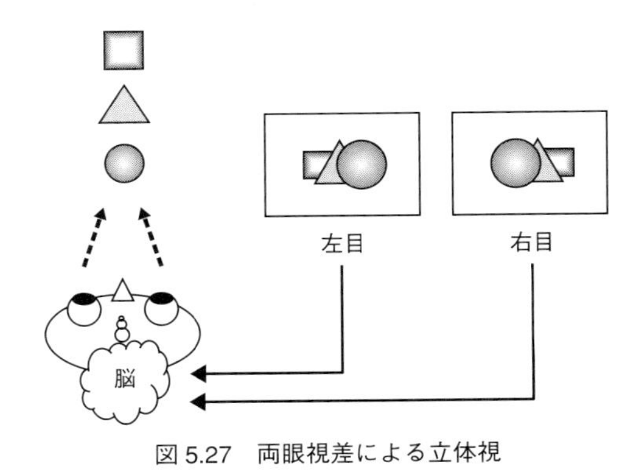

図5.27　両眼視差による立体視

切り替えと同期したメガネを装着している．左目用映像のときは，左目が透過状態，右目が非透過状態となり，右目用のときは状態を入れ替える．このシャッター機能のあるメガネも液晶が用いられており，液晶ディスプレイ，メガネ共にこの切り替えに耐えうる高速応答性が必須となる．

同期機能を有する比較的高価な専用メガネが必要ではあるが，液晶ディスプレイの解像度低下や観察角度の影響を受けないのが利点である．

②位相差板方式

液晶ディスプレイの偏光板表面（観察者側）に位相差が1/4波長のフィルムを貼る．この際，1ラインごとに遅相軸を偏光板の透過軸に対して交互に±45°となるようにしておく．このようなフィルムは光重合性液晶のパターニング露光で実現できる．それぞれのラインから出射される光はそれぞれ左円偏光または右円偏光となる．よって，観察者は，左右の眼がそれぞれの円偏光だけを透過するメガネ（円偏光板メガネ）を装着していれば，左右が異なる映像を同時に視認可能になる．解像度半減や観察角度の影響（ガラス厚みによる視差が原因）が生じるものの，高速応答性は不要，円偏光板のみの安価なメガネで対応できるのが利点である．

③視差バリア方式とレンチキュラー方式

上述の二方式ではメガネ装着が必須であるが，視差バリア方式とレンチキュラーレンズ（カマボコ状のシートレンズ列）を用いたレンチキュラー方式（図5.28）ではメガネが不要であり，裸眼方式とも呼ばれる．いずれも1ラインおきに見える角度を異ならせるようにしていることが特徴であり，メガネなしでも左右の眼が異なる映像を視認できるようになる．この条件をちょうど満たす観察位置は限られているため，観察位置に制限を与えることにはなるが，

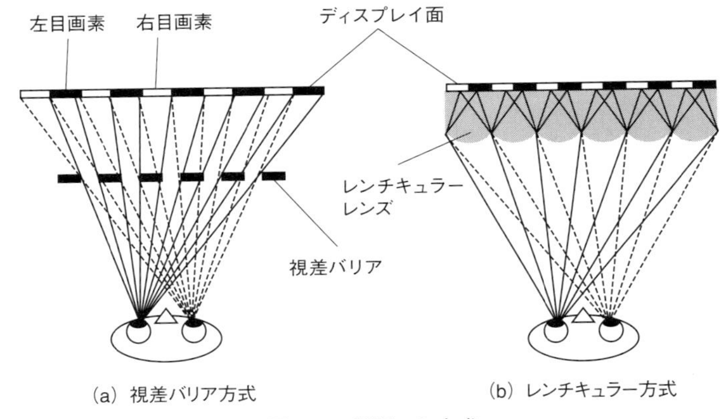

図 5.28　裸眼 3 D 方式

メガネ不要になることは大きな利点である．また，視差バリアやレンチキュラーレンズは液晶を用いて作製することも可能であり，この場合，液晶のオンオフにより２D／３D 表示を切り替えることができるため，応用商品として適用範囲を広げることにもつながっている．

5.6.2　カーブドディスプレイ

液晶ディスプレイを凹面，または凸面に曲げたカーブドディスプレイもあらわれている．大型ディスプレイや複数画面をつなぎ合わせたマルチディスプレイの場合，ディスプレイ中央部と端部で見る角度が大きく異なってしまうが，凹面に曲げて観察者がその焦点に来れば，ディスプレイ全面を同じ角度で視認できるようになるメリットがある．また，ビルや駅構内などに円柱状の柱がある場合，凸面ディスプレイがあればその表面に配置できるようになるため，デジタルサイネージ用ディスプレイとして好適である [5].

ただし，ガラス基板や光学部材を曲げるため表示ムラが出やすい傾向にある．カーブドディスプレイに適した液晶モードの選択やガラス基板の薄型化などは今後改良されていくであろう.

5.6.3　透明ディスプレイ

裏側が透けて見える透明ディスプレイは広告用途等に注目されており，いくつかの方式が提案されている．課題は透明使用時の透過率の確保であり，偏光板を用いない液晶表示モードである高分子散乱モード（PDLC：Polymer Dispersed Liquid Crystal）の適用が提案されている．本モードでは，画素ごとに透過⇔散乱を切り替えて透過使用や映像表示を実現している [6].

他にも透過，散乱，非透過の 3 状態を切り替える新規液晶表示モードも提案されている．本方式では，ディスプレイ端部からの導光型バックライトを備えており，後述するフィールドシーケンシャルカラー方式（6.1 節参照）を採用しているため，カラーフィルターを不要にして透過率を向上させている．映像表示時は透過，非透過を用いるため，通常の液晶ディスプレイに近い表示品位を可能にしていることも特徴である [7].

演習問題

[1]　黒表示が完全に透過率 0 にならず，光がわずかに漏れてしまう原因を挙げよ.

[2]　白表示やグレー表示で色づいてしまう原因を挙げよ.

[3]　液晶厚みを 4 ミクロン，液晶密度を 1 g/cm^3 としたとき，60 インチの液晶ディスプレイに用いられている液晶の量を計算せよ.

コラム7

光の利用効率

液晶ディスプレイのバックライトの光の利用効率はどれくらいであろうか．各部の透過率から試算してみる．

偏光板：一方の偏光を吸収してしまうのでおおよそ半分（約50%）
カラーフィルター：吸収により3原色を得ているためおおよそ1/3（約33%）
液晶：屈折率の波長分散などがあり実際には $\lambda/2$ 条件（5.1.2項参照）を使えていない（約90%）
開口率：配線やTFTはブラックマトリクスで隠し，透過に寄与できない（約40〜80%）

開口率は画素数やインチサイズにより幅はあるものの，これらを掛け合わせれば，6〜12%になる．液晶ディスプレイは低消費電力であると謳っていても，なんと9割もの光を捨てているのである．

このロスを改善する方法として反射偏光板の導入がある．反射偏光板は，一方の偏光を透過し，他方の偏光を反射するものである．なお，偏光度が十分ではなく，また，外光を反射してしまうことから，元々の液晶ディスプレイの偏光板を置き換えることは出来ず，この反射偏光板はバックライトと吸収偏光板の間に，偏光軸が一致するように配置される．この配置では，本来バックライト側の偏光板で吸収されていた偏光は反射偏光板で反射され，バックライトへ戻る．戻った光はバックライト内の光学シート等で偏光が乱されランダム偏光になり，再び液晶ディスプレイ側へ進み，一部は偏光板を透過できるようになる．これを繰り返すことによって吸収偏光板によるロスを軽減し，ゲインとしては1.3〜1.5程度を実現している．この効果は大きく，反射偏光板は多くの液晶ディスプレイに採用されている．これらを図にまとめておく．

なお，反射偏光板には様々な方式があり，①光学異方性フィルムの多重積層，②コレステリック液晶フィルムと $\lambda/4$ 板の積層，③ワイヤーグリッド偏光板が知られている．

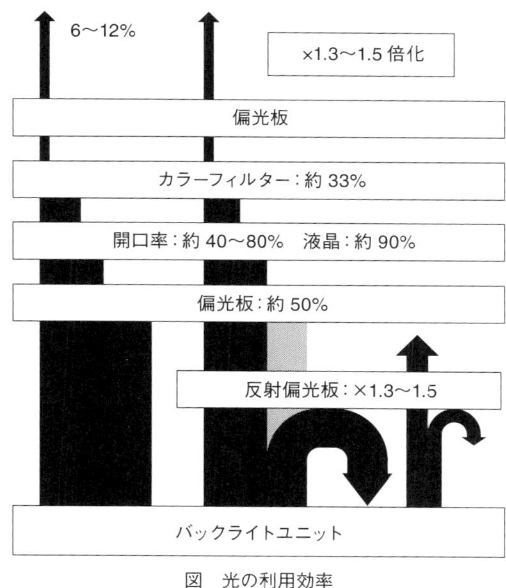

図　光の利用効率

コラム 8

色の再現性について

5.2.4 項で述べたように 3 原色（RGB）を用いた加法混色によりフルカラー表示をしているが，その色の再現性について触れておく．

ニュートンは『光学』にて，「光線に色は無い．光線は色の感覚を起こさせる性質があるに過ぎない」と述べている．実は，人間は目の中にある 3 種類の錐体（L，M，S）の応答により色を識別している．すなわち，色を定量化するには人間の目にどのように見えているかを考慮しなければならず，心理物理量として取り扱う必要がある．その方法は，1931 年に CIE（照明委員会，Committee Internationalle l'Eclrage）で定式化された．*XYZ* 表色系（*XYZ* color system）と呼ばれ，CIE 1931（CIE 1931 standard colorimetric system）とも呼ぶ．その後，いくつかの進化した表色系も提案された．いずれにせよ，スペクトルから計算できるがその方法は専門書に譲るとして，CIE 1931 では図に示す色度座標（x，y）を用いる．馬蹄形の内側が目視できる色の座標とされ，曲線上には単色スペクトルが存在している（グラフ中数値は波長）．おおよそ，上方が緑，左下が青，右横が赤の領域になる．加法混色においては，それぞれの原色の座標で形成される三角形の内側が，そのディスプレイで表現できる色再現範囲となる．図にて，NTSC 72% と記載しているのは，当初液晶テレビで一般的であった色再現範囲である．一方，多数の黒点はポインターカラーと呼ばれる標準的な物体色のデータベースの座標である．明らかに NTSC 72% は包含しきれていない．DCI（Digital Cinema Initiatives）はデジタルシネマの規格であり色再現範囲が広がったが，それでもシアン色の領域をカバーしきれていないことがわかる．BT.2020 は 8 K テレビ向けに定義された最新の規格であり，物体色すべてを包含していることが特徴である．しかし，3 原色（RGB）のすべてが単色スペクトルの領域（＝馬蹄形曲線上）にあり，この実現は容易でない．現在はレーザをバックライト光源に適用する方法が唯一の方法であるが，コスト等の問題があり民生用には難しい．現在，高色純度のカラーフィルターや，狭スペクトルのバックライト用蛍光体や量子ドットの開発が進められており，どれくらいBT.2020に近づけるか注目しておきたい．

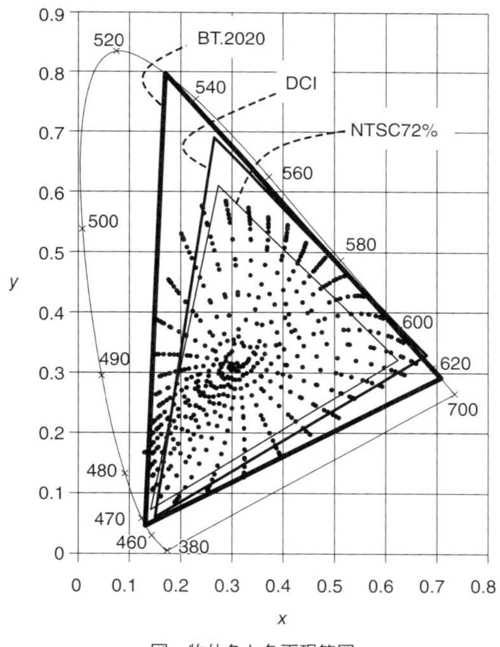

図　物体色と色再現範囲

参考文献

[1] H. Asagi *et al*.: Proc. SID 16 Digest, p.592（2016）
[2] 宮地弘一：液晶　第17巻　第２号　p.104（2013）
[3] Y. Nakanishi *et al*.: *Jpn. J. Appl. Phys*., **51**, 041701（2012）
[4] S. H. Lee：液晶　第13巻　第１号　p.49（2009）
[5] M. Shigeta *et al*.: Proc. IDW'15, p.1364（2015）
[6] C-H. Chen *et al*.: Proc. IDW'15, p.20（2015）
[7] Y. Iyama *et al*.: Proc. IDW'15, p.1291（2015）

第6章

液晶の未来

本章では，現在開発が進められている最新の液晶ディスプレイや液晶技術の新しい応用例，最後に液晶科学に関する最新の研究例を紹介し，液晶の未来像に触れてみたい．

6.1　これからの液晶ディスプレイ

液晶ディスプレイの表示品位はかなりのレベルにまできており，その証拠に極めて多くのディスプレイに液晶ディスプレイが採用されている．しかし，消費電力の低減については今なお継続的な取り組みがなされている．

その目的は，①充電頻度を減らすことによる利便性の向上や②バッテリーを小さくすることによる小型軽量化の実現であり，特にモバイル機器であるスマートフォンやタブレット型PCにおける要求度が高い．

大型液晶ディスプレイにおいても理由はある．たとえば，部屋の壁一面を超大型のディスプレイにするといった夢が語られたりするが，60型（面積1 m^2）の消費電力は250 W程度であるため，壁一面の面積が8 m^2（幅畳2枚分×高さ2.3 m想定）として総消費電力を単純計算すれば，なんと2000 Wとなり驚くべき値になってしまう．省エネはもはや社会の責務であるが，壁一面のディスプレイ実現には大きな課題の1つとなろう．

他にも消費電力の低減はより多くの用途拡大につながる．たとえば，将来の学校で本格的に電子教科書を活用しようとしても，授業中にバッテリーが切れることがあってはならないし，短い休み時間で充電は困難であろう．新興国等の子供の教育に活用しようというなら，電力事情に難がある地域も少なくないはずで，なおさらである．このようなことから，ディスプレイの消費電力低減は継続的な取り組みが重要である．

液晶ディスプレイの多くの消費電力はバックライト光源に由来しており，シャッターの役割をなす画素の透過率の向上が重要である（コラム7参照）．したがって，配線やTFTを隠しているブラックマトリクスの面積をなるべく小さくして開口率を大きくしたり，色純度を落とさないでカラーフィルターの透過率を高めたりといった取り組みが続けられている．しかしながら，これらはすでにかなりのレベルにまできており大きな改善は望めなくなりつつあり，以下に挙げるような新しい取り組みも進められている．

モバイル機器用の低消費電力化として注目されている技術の1つは低周波数駆動である．低周波数駆動を行うと，液晶パネルの配線や画素電極を充放電する際に消費する電力が軽減するだけでなく，CPUやグラフィックボードのクロック周波数も低減させることと組み合わせて，機器としての消費電力を大幅に低減できると言われている［1］．

ほとんどの液晶ディスプレイのフレームレートは60 Hzであり，1秒間に60回画面を書き換えている．しかも，たとえ静止画であっても同じ絵を書き込んでいる．理由は①液晶自身のリーク（電圧保持率）と②TFTのオフリークによる画素からの電荷漏れにより，液晶にかかる電圧が徐々に低下するため，60 Hzで信号書き込みを繰り返す必要がある．①については液晶および配向膜の改良により改善が進んできており，②は最近実用化された酸化物半導体が特にオフリークが低いことを特徴としていることから，静止画時にはフレームレートを 1～30 Hz に下げる低周波数駆動が実用化されつつある．

ただし，課題もまだあり，モバイル機器で広く採用されている FFS モードの場合，当初広く用いられていた正の誘電異方性を有する液晶（ポジ型液晶）において，3.5 節で述べたフレクソエレクトリック分極によるフリッカーが顕著に生じ，低周波数駆動では“ちらつき”が視認される．この対策には負の誘電異方性を有する液晶（ネガ型液晶）を用いることが提案されている [1]．フレクソエレクトリック分極（3.5 節参照）はポジ型液晶の配向変形に由来するが，ネガ型液晶の場合，その変形が軽微となりフレクソエレクトリック分極が軽減されちらつきが抑制される．ただし，ネガ型液晶は電圧保持率が低い傾向にあることが知られており，これを高めるために液晶材料はもちろんこと，配向膜材料の改良が継続的に取り組まれている．他には，電圧保持率を高めやすいポジ型液晶を使いこなす新しい取り組みとして，バナナ（屈曲）形液晶（2 章コラム 4，3.5 節）を添加してフレクソエレクトリック係数そのものを小さくする方法も提案されている [2]．各社の研究開発が進められている最中であり，低周波数駆動はモバイル機器で広まっていくことが今後予想される．

その他の低消費電力技術としては，フィールドシーケンシャルカラー方式がある．前述の通り，液晶ディスプレイはカラーフィルターによる加法混色によりカラー化を達成しているため，おおよそカラーフィルター 3 色分で 2/3 のバックライト輝度をロスしている．フィールドシーケンシャルカラー方式は，赤色，緑色，青色の光源を高速で順次点灯消灯させ，それに合わせて，液晶ディスプレイの映像も各色に合わせて切り替えるものである（図6.1）．超高速の液晶ディスプレイが必要なことや，視線を動かしたときに色が分離して見えるカラーブレーキング現象の対策が必要ではあるが，種々の対策手法が提案されつつあり，今後の発展が期待される [3]．

一方，バックライト光源を必要としない反射型液晶ディスプレイも実現されている．観察者側の電極のみを透明電極とし，下側の画素電極をアルミニウムなどの金属（＝鏡）で形成すれば，外光の反射を液晶で制御できるようになるため，特に屋外など明るい環境で使用できる液晶ディスプレイになる．

このような反射型ディスプレイは，バックライトを必要とせず，著しい消費電力の低減が可能になり，最近では画素内にSRAM（Static Random Access Memory）を設けて低周波数駆動も併せて実現するなど，さらなる消費電力低減が達成されてきている

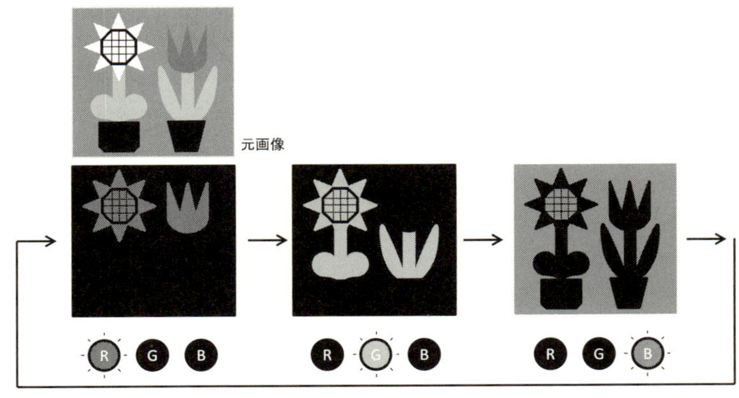

図6.1　フィールドシーケンシャルカラー方式の駆動手順
→口絵3参照

[4]．反射率の向上や表示品位等まだ改善の余地はあり，さらなる改良が進めば用途拡大が期待できる．

6.2　ディスプレイ以外への応用

液晶の応用はディスプレイにとどまらない．ディスプレイの市場規模が大きすぎるので他の応用は見落としがちであるが，液晶ならではの様々な応用がある．本節では注目されている液晶技術の応用例を紹介する．

6.2.1　液晶アンテナ

液晶を用いたGHz帯のアンテナが提案されている．通常，衛星放送を受信するパラボラアンテナは衛星の方向に向ける必要があるが，この液晶アンテナは指向性が制御可能なため，設置方向を選ばず，特に船舶，飛行機，自動車といった移動体への応用を目指して開発が進められている．基本構造としては，液晶ディスプレイに似ている．画素に見立てた複数のパッチアンテナを液晶パネル内に配置して，各パッチアンテナの共振状態を液晶のオンオフで制御し，指向性を変化させている [5]．なお，液晶としてはGHz帯で十分な誘電異方性を確保する必要があり，液晶ディスプレイ用の液晶材料をそのまま使うことはできず，液晶アンテナ用の液晶材料開発も進められている [6]．

6.2.2　センサー

センサーへの応用も研究されている．バイオセンサーの例としては，肝疾患の診断のために尿中の胆汁酸濃度をモニターする手法が報告されている．原理としてはシンプルであり，配向膜上に尿を付着させ，胆汁酸の量によってアンカリングエネルギー（4.1.3項参照）が変化することを利用する．アンカリングエネルギーの変化は液晶セルを2枚の偏光板を通して観察すれば，その配向状態で容易に識別でき，配向膜の組成調整により検出感度も制御可能としている．バイオセンサーの研究例は他にもあり，文献［7］を参照されたい．

他にもVOC（Volatile Organic Compound，揮発性有機化合物）濃度を簡便にモニターする方法も報告されている．適当なコレステ

コラム9

液晶ディスプレイはこの先生き残れるか

ライバルの1つは有機ELディスプレイであろう．シャッター型である液晶ディスプレイとは異なり自発光タイプのため，バックライトを必要とせず薄型，加えて高速応答，広視野角を特徴としている．すでにスマートフォンやテレビ等が実用化されており，まだまだ比率は小さいものの，液晶ディスプレイと応用商品が重なっている．両者とも表示品位は高いレベルに到達しており，最終的には普及品としての販売価格が重要になってくると思われる．4Kや8Kテレビによる大型高精細化やモバイル機器の超高精細化が今後進んでいくと考えられるが，現在の有機ELディスプレイは販売価格に直接影響する生産歩留まりに課題があると言われており，この辺りの改善具合が重要ポイントの1つになるであろう．

有機ELディスプレイが先行している新しい応用商品も最近出てきている．例えばゴーグル型のヘッドマウントディスプレイであり，レンズを介して拡大した両眼別々の映像を見るため，視野全体の3D表示を視認する．ジャイロセンサー等のセンサーと同期させるため，首を振るとそれに合わせて映像が変化するようになっている．いわゆるバーチャルリアリティ体験が出来るものであり，今後広まっていくことが期待されている．このヘッドマウントディスプレイは高い臨場感を得るためにインパルス型の高速動画表示が求められており，この理由から有機ELディスプレイが採用されている．しかし，ヘッドマウン

リック液晶を選び，基板にスピンコートしておく．外気中の有機化合物がコレステリック液晶に溶け込めばその選択反射波長が変化するため，濃度検出が可能になる．うまく選べば，可視域波長を目視できるため，簡易なガス検知器にもなるとしている [8]．

6.2.3 調光窓

シャッターである液晶を用いた調光窓が注目されている．透過／非透過を電気的に容易に制御できる点を活用し，光および熱の部屋

トディスプレイは前述の通りレンズで視野全体に拡大するため超高精細が必要になるが，現在実用化されている有機ELディスプレイの精細度は最大でも500 ppi 程度であり，スクリーンドア効果という画素境界を視認できてしまう問題がある．一方，液晶ディスプレイでは 800 ppi，さらに学会レベルでは 1000 ppi 以上の報告例もあり，超高精細化では液晶ディスプレイの方が現状は有利のようである [10]．当然液晶の応答性能の改善が必須にはなるが，光学的等方な液晶であるブルー相（2.5 節参照）やフレクソエレクトリック分極を用いた ULH（Uniform Lying Helix）といった新規の超高速液晶モードも研究開発が進められている．

他にも液晶ディスプレイには反射型や半透過型といった外光反射を表示に積極的に活用した表示方式もあり，これは有機 EL ディスプレイには出来ない特徴である．類似の特徴を有するものとしては，電気泳動ディスプレイ（EPD：Electrophoretic Display）があり電子書籍等で実用化はされているが，階調表示，カラー化，動画表示に課題があるため，すべてのモバイル機器を置き換えることは不可能である．液晶ディスプレイによる反射型，半透過型も色純度や反射率が十分ではない等の課題はあり，これから改良していく必要はあるが，屋外で使えるディスプレイは大変魅力的である．このように，液晶ディスプレイならではの特徴を活かした進化は，これからも十分期待できると筆者は確信する．

への流入を制御する．これらは，屋内および屋外に設置されたセンサーと連動させれば自動的な制御をも容易に実現できる．液晶モードとしては，PDLC（Polymer Dispersed Liquid Crystal）や，二色性色素を液晶に混ぜたGH（Guest-Host）タイプの採用により偏光板を用いず高透過性を確保しようとしている．開発課題としては，常時太陽光が当たる場所に設置するための高信頼性の確保，低電圧駆動などがあげられる．液晶による調光窓の採用による室内の電力削減効果としては，30% 減との試算結果もあり今後の発展が期待される [9]．

6.3　液晶の新しい科学

本章前半ではディスプレイをはじめとする液晶の応用の未来を考えてみた．本書の最後にあたって，液晶の新しい科学の流れにも言及しておきたい．これまでの章でも，折々で液晶の最新の科学にも触れてきた．これらからもわかるように，第四の相である液晶は液体や結晶にはない特性を持ち，それゆえに新しい物理を切り開く余地は限りなく広い．もちろん，化学や生物分野への寄与の大きさも計り知れない．著者らの能力もあり，将来を予測することまではできないが，最近の研究のトレンドを概観しつつ，今後発展しそうな液晶分野を考えてみたい．単純に分野を分けることは適当でないかもしれないが，ここでは，物理，生体，化学の分野に分けて記述することにする．

6.3.1　液晶の物理

液晶にはまだまだ理論的に未解決の分野も多い．新しい相が現在も多数発見されている．屈曲形液晶（コラム4参照）に新しい相が次々と発見され始めてから20年もたたないし，傘型の分子集合体が作る強誘電性液晶が確認されたのはわずかに3，4年ほど前である．理論的には予測されていたが，2，3年ほど前にやっとはっきりと構造が確認され，最近多くの研究者を巻き込んでいるのが新しいネマティック相である．屈曲形の分子が図6.2のようならせんを形成したツイスト—ベンドネマティック相と言われる相である．らせんという周期構造を持ちながら層構造は存在せず，X線回折を測定しても層に起因する回折は観測されない．らせん周期はわずかに数分子であり，らせんを形成することからわかるように対称性が自発的に破れている．すなわち，キラル分子でないにも関わらず，左右のらせんからなる領域に分掌している．このように，まだまだ新しい相を発見するチャンスがある．

強誘電性を持つ液晶に関しては3.6節で紹介した．それでは強磁性を持つ液晶はあるのであろうか．3.3.1項で述べたように，通常の液晶は反磁性である．常磁性も20年ほど前に有機ラジカル液晶で実現された．液晶それ自身では実現していないが，最近，磁性ナノプレートをドープすることによって強磁性が実現した．このことをかいつまんで紹介しよう．もし，磁性粒子をネマティック場中で十分な磁気的な相互作用があり，しかも会合しないという条件で分散させることができればよさそうである．このような条件を満たす，成功の決め手は表面を垂直配向された磁性ナノプレートの使用

図6.2 ツイスト—ベンドネマティック相の分子配列構造

である．ネマティック液晶中でのこれらナノ円板の懸濁液が形成する構造を図 6.3 に示す．図で実線はダイレクター，破線は磁力線を示す．表面処理が垂直のために円板はその法線方向をダイレクター方向に向け，太矢印で示すように磁気双極子が揃った強磁性状態を形成する．図からわかるようにネマティック場の 4 重極子相互作用と磁気的な相互作用がこの構造を安定化している．等方相では単なる磁性流体（常磁性）であるが，磁界を印加せずにネマティック相に冷却すると上向き，下向きの自発磁化を持つ領域ができる．もし，10 mT 程度のわずかな磁界中で冷却すると巨視的な単一領域を実現することができる．もちろんダイレクター方向に磁界を印加することによって自発磁化の反転をさせることができる．自発磁化が

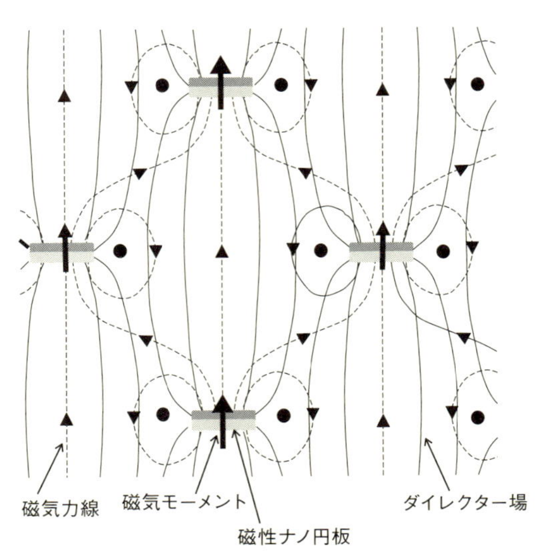

図 6.3　磁性ナノ粒子を含むネマティック液晶による初めての強磁性流体の分子配列構造

ネマティックダイレクター場に影響を受け，小さな磁界で磁化ばかりではなく，ネマティックダイレクターのスイッチングも可能にする．これは初めての強磁性流体と言える．新しい磁気光学効果デバイスの可能性を示唆し，実際にそのような研究が始まっている．ナノ粒子添加は磁性体ばかりではなく，様々な特性を持つナノ粒子の添加によって思わぬ特性向上や新現象の発見につながる場合がある．今後も伸びてゆく分野であろう．

液晶には様々な物理現象との思わぬ類似性がある．一般にはそのスケールが小さすぎて，あるいは大きすぎて簡便に観察することが難しいものでも，液晶であれば，光学顕微鏡の下で室温，大気圧化で容易に観察することができるというメリットがある．たとえば，TGB 相（2.4 節参照）と超伝導体との類似性は古くから指摘されている．ある磁界で出現するシャブニコフ相は，強いキラリティで出現する TGB 相と類似しているというものである．TGB 相に存在するらせん転位はボーテックスに，その周期性はアブリコゾフ格子にそれぞれ対応する．

最近，電子スピンが渦状に並んだナノメートルサイズの磁気構造であるスキルミオンとの類似性が指摘されているのがブルー相（2.5 節参照）やナノ粒子，マイクロ粒子を含む液晶系である．いずれもキラル位相欠陥などが相の安定化に寄与している構造体である．スキルミオンは微細構造から宇宙論までを巻き込んだ大きな物理的トピックスの 1 つである．また，シュリーレン組織のような位相欠陥は異符号で同じ強度の対欠陥（欠陥とアンチ欠陥）として現れることを 4.2.1 項で述べたが，これらの生成，消滅の様子は Kibble メカニズムと呼ばれる宇宙創成の初期における構造形成，消滅の様子と似ている．超流動や超伝導など対称性の破れを伴う相転移に見られるヘリウムとの類似性が語られることが多いが，液晶もまたそのような系との関連性において重要な物質である．

6.3.2　生体関連の液晶科学

液晶は生体関連でも興味深い科学と応用が続々と示されている．二重らせん構造を持つ剛直な巨大分子であるDNAの水溶液が液晶相を示すことは50年以上前から知られている．しかし，わずか，6つの塩基対のDNAオリゴマーでさえ液晶（コレステリック相とカラムナー相）を示すことが明らかに示されたのは，それほど古いことではない．また，DNAより初期の核酸であるRNAでも同様なことが見出されたことから，核酸がつながってゆくことによる液晶性の発生はDNAの出現機構と深い関係があることを示唆していて興味深い．

生体内にも多くの液晶構造が存在することも古くから知られている．もっともよく知られた例はカナブンの羽の色の起源である．カナブンの羽は左らせんコレステリック液晶構造を持っているので，左円偏光板を通して羽を見るとメタリックグリーンを呈するが，右円偏光板を通してみると真っ黒である．これはまさにコレステリック液晶による選択反射（2.4節参照）である．最近では反射光の微細な観察や様々な顕微鏡による観察により，羽は5角形と6角形の小領域からできており，その中心部はフォーカルコニックス構造（4.2.3項参照）をなし，入射角，反射角の違いから周囲とは異なった色を呈していることなども明らかにされている．羽になった状態ではもちろん液晶状態ではないが，羽の形成過程でコレステリック液晶状態を経由したことを示し，液晶性が生体構造の形成に大きな役割を果たしていることの証左である．

生体膜がライオトロピック液晶構造をしていることは2.1節ですでに述べた．細胞膜上に存在するたんぱく質を介する物質移動は，液晶のもたらす最適な環境で可能になっているといっても過言ではない．多くの病気は細胞膜の異常によって起こることも多い．したがって，膜の修復によって細胞機能を回復させようという試みが始まっている．最近，新しいタイプのライオトロピック液晶である，クロモニック液晶が注目を集めている．この相を作る分子と染色体（クロモソーム）を染める染料分子の化学構造が似ているためにこの名がついている．極性基と非極性基を持つ点では棒状の両親媒性分子と同じだが，その化学構造のためにクロモニック液晶分子は水に溶け，構造体を形成する．したがって，これまでライオトロピック液晶で見られていたものとは異なった様々な構造体が見出されている．これらの構造体形成の仕組みはタンパク質や核酸が水溶液中でとるものと同様であり，医療への応用が期待されている．細胞分裂の際に起こる染色体分体をつかさどるのがスピンドルと呼ばれ，マイクロ繊維やたんぱく質などからできている．自己組織化，異方性の観点から液晶科学者の興味を惹くところとなっている．

上記のような事情から，液晶の細胞膜との親和性を利用した医薬開発にも注目が集まっている．棒状液晶化合物の様々な薬理活性が知られており，また，液晶性と抗腫瘍効果の相関についても研究されている．例えば，液晶性を示さない前駆体ががん細胞の増殖抑制作用がなかったのに対し，その前駆体から合成した液晶化合物が抑制作用を示すことが見出されている．クロモニック液晶と並んで今後発展してゆく分野であろう．

6.2.2 項でも触れたが，デバイスとしてすでに応用されつつあるのが分子吸着の高感度検出である．これは気相や液相と接触している液晶膜にタンパクや脂質などの分子が吸着したとき，液晶分子が配列を変化させることから，特別な装置なしに容易に検出を可能にしたものである．界面による液晶分子の配向変化を利用した巧みな応用である．

アゾ基を含む高分子液晶や液晶エラストマー（2.3 節参照）などは人工筋肉としての応用が期待されている．光異性化により高分子膜の伸縮のみではなく，適切な膜構造を形成することによって，膜の屈曲の可逆的な変形を生じさせることができる．

マイクロフルイディクスはたとえばプリンターの印字への応用がよく知られている．4.2.4 項で紹介した，液晶球や液晶殻を持つマイクロ球をよく制御して形成，輸送する技術が開発されている．これらの技術を基礎として，ドラッグデリバリーへ応用しようとする研究も進められている．

6.3.3　液晶の化学

先に述べた様々な液晶の物理や生体関連応用は，合成化学の助けなしには成り立たない．新しい分子の合成が新しい物理を生み，新しい応用の可能性を示唆する．まだまだ，合成されたばかりの分子で新規の物理現象も応用も明らかになっていないものも多数あるであろう．このように合成化学によるシーズの開拓はもちろん重要であるが，目的の物質開発のニーズに向かっての合成化学が重要であることは言うまでもない．ある化合物で新現象が発見されたとき，その応用に向かって化学構造の最適化が必要である．液晶ディスプレイの様々な原理が発表された後，化学的に安定な室温液晶（シアノビフェニール）の開発が大きく応用を後押ししたことは疑いのないところである．有機半導体としての液晶の出番があるかどうかも今後の新物質の合成がカギになっている．

電界，磁界，光など外部刺激によって相変化を起こす多くの液晶が知られている．最近の興味深い例では，機械的刺激に応じて相転移を起こし，それにより電子状態にも変化が生じ，発光色が変化する液晶材料が報告されている．液晶ゲルや液晶ファイバーも興味深い．屈曲形液晶のある相のようにほとんどの溶媒の添加によりゲル化するものが知られている一方，ゲル化剤を入れることによって既存の液晶相をゲル化するなどの研究もある．液晶ファイバーはコラム5で述べたような基礎科学としての興味ばかりではなく，エレクトロスピニングを用いたファイバー形成も試みられている．

パスツールのラセミ体からのキラル結晶への分掌の発見以来，キラリティは化学の中でも常に興味を持たれている分野である．屈曲形液晶（コラム4参照）の中には非キラルの分子でありながら，巨視的に2つのキラル領域に自然分掌するいくつかの相が知られている．6.3.1項で述べたツイスト—ベンドネマティック相もその1つである．これらの相では分掌した左右のキラル領域の大きさは等しいが，いくつかの相では界面，円偏光，幾何学的ねじれ構造などの外場の影響によって単一のキラル領域を実現することができる．すなわち，非キラル分子の系でキラル種をまったく使わないでキラル領域を形成することが可能なのである．最初にキラル構造体がどのようにできたかという生命の起源に迫ることができるかもしれない．このような興味から，これらの界面上によるキラル分子認識，キラル分子合成は価値のあるテーマであろう．

演習問題

[1]　反射型液晶ディスプレイの設計に関わる留意点をあげよ．

[2]　60インチのフルハイビジョン，4K，8Kの精細度（ppi）を答えよ．

参考文献

[1]　H. Asagi *et al*.: Proc. SID 16 Digest, p.592（2016）

[2]　D-J. Lee *et al*.: Proc. IDW'15, p.54（2015）

[3] S. Siemianowski *et al*.: Proc. SID 16 Digest, p.175 (2016)
[4] H. Yamaguchi: Proc. IDW'15, p.12 (2015)
[5] R. A. Stevenson *et al*.: Proc. SID 15 Digest, p.827 (2015)
[6] M. Wittek *et al*.: Proc. SID 15 Digest, p.824 (2015)
[7] S. He *et al*.: Proc. SID 15 Digest, p.147 (2015)
[8] P. V. Shibaev *et al*.: *Mol. Cryst. Liq. Cryst.*, **611**, p.94 (2015)
[9] Casper van Oosten *et al*.: Proc. SID 16 Digest, p.376 (2016)
[10] S. Yoshitomi *et al*.: Proc. SID 16 Digest, p.473 (2016)

演習問題解答

第1章

[1]　一般には楕円偏光になる．特別な場合として，位相が π，$-\pi$ ずれると互いに直交する直線偏光，$\pi/2, -\pi/2$ ずれると互いに逆回りの円偏光になる．

第2章

[1]　無配向試料で差が出ないので，層が基板に水平になっている試料に対し、すれすれにX線を入射した場合，あるいは層が基板に垂直になっている試料の一様な部分に試料に対して垂直にX線を入射した場合を考えよう．A，C相ともに同様な層間隔に対応する強いシャープな回折像が小角に2つ現れる．分子間の平均距離に関しては，A相では小角ピークに対して垂直方向に，ぼやけた回折像が広角に現れる．C相での広角の回折はA相の回折像から傾き角だけ回転した位置に現れる．

第3章

[1]　光学的二軸性液晶の屈折率楕円体の主軸の長さはすべて異なる．これらを $n_1 < n_2 < n_3$ としよう．光軸は n_1，n_3 軸を含む面で n_3 軸から同じ角度だけ傾いた方向に2本ある．

[2]　S の1次項があると，$S=0$ の極小（等方相）が安定にならない．S^3 項が正だと，$S=0$ 以外の極小をとることができない．S^4 項がないと有限の S での極小を作ることができない．

第5章

[1]　カラーフィルター層や電極エッジでの光散乱，液晶の熱揺らぎによる光散乱，など．

[2]　液晶の屈折率に波長分散があり，式(5.2)に波長依存性が存在するため．実際には信号処理で補正して色付きを抑制している．

［3］　4 g（60 インチの画面面積はおよそ 1 m^2 である）

第6章

［1］　光が液晶セル内部を往復するため，$d\Delta n$ およびカラーフィルターの色の濃さを半分にする．電極による鏡面反射だけでは視認しづらいため，パネル内に散乱層を設ける（参考：印刷物も光を散乱している）．

［2］　36.7 ppi（$=1080\div\left\{60\times9/\sqrt{(16^2+9^2)}\right\}$），73.4 ppi，146.9 ppi

索　引

【サ行】

【マ行】

【ヤ行】

【ラ行】

Memorandum

Memorandum

〔著者紹介〕

竹添秀男（たけぞえ　ひでお）

1975年　東京教育大学大学院理学研究科物理学専攻博士課程修了
現　在　豊田理化学研究所客員フェロー，東京工業大学名誉教授（理学博士）
専　門　有機材料（特に液晶）の物性

宮地弘一（みやち　こういち）

1996年　東京工業大学大学院理工学研究科有機材料工学専攻博士課程修了
現　在　JSR 株式会社　ディスプレイ材料研究所（工学博士）
専　門　液晶ディスプレイのデバイスおよび材料技術

化学の要点シリーズ　19　*Essentials in Chemistry 19*

液晶—基礎から最新の科学とディスプレイテクノロジーまで—

Liquid Crystals: From Fundamentals to Frontiers of Science and Display Technologies

2017年 2 月25日　初版 1 刷発行

著　者　竹添秀男・宮地弘一
編　集　日本化学会　©2017
発行者　南條光章
発行所　**共立出版株式会社**
［URL］　http://www.kyoritsu-pub.co.jp/
〒112-0006 東京都文京区小日向4-6-19　電話 03-3947-2511（代表）
振替口座　00110-2-57035
印　刷　藤原印刷
製　本　協栄製本

printed in Japan

検印廃止
NDC　428.35
ISBN 978-4-320-04424-1

一般社団法人
自然科学書協会
会員